U0351300

先进火力电厂机组动力机械材料损伤行为

崔 璐 王 澎 著

科 学 出 版 社
北 京

内 容 简 介

本书简要介绍了在服役工况下需要频繁启停调峰的火力发电厂设备由热力载荷引起的失效问题，重点论述了机组设备热疲劳失效的宏观规律和微观损伤机理。主要内容包括设备用耐热钢在时间、温度等影响因素下的形变、损伤特性及其宏观描述；在临近工况载荷和实际工况载荷下，特别是伴随温度交变的TMF工况下的形变、损伤特性及其宏观描述；工况载荷下两种材料模型的建立、验证和工程应用；从用户角度对所建模型的可复制性、所需工作量、工程适用性和可靠性等方面，做出了评价、说明及建议。

本书可作为材料、机械、结构和强度等学科的本科生、研究生以及工程技术人员的参考书使用。

图书在版编目（CIP）数据

先进火力电厂机组动力机械材料损伤行为/崔璐，王澎著.—北京：科学出版社，2018.11

ISBN 978-7-03-058978-1

Ⅰ. ①先… Ⅱ. ①崔… ②王… Ⅲ. ①火力发电－发电机组－动力机械－损伤（力学）－研究 Ⅳ. ①TM621.3

中国版本图书馆CIP数据核字（2018）第225850号

责任编辑：耿建业 韩丹岫 / 责任校对：彭 涛
责任印制：张 伟 / 封面设计：无极书装

科学出版社出版
北京东黄城根北街16号
邮政编码：100717
http://www.sciencep.com

北京中石油彩色印刷有限责任公司 印刷
科学出版社发行 各地新华书店经销

*

2018年11月第 一 版 开本：720 × 1000 1/16
2019年 4 月第二次印刷 印张：9 1/2
字数：189 000

定价：88.00元

（如有印装质量问题，我社负责调换）

前　言

本书针对调峰工况下火力电厂设备承受的交变载荷，开展设备常用耐热钢热交变载荷(thermomechanical fatigue，TMF)下的形变特性分析和损伤机理研究，建立了相关的材料模型，为机组运行方案的设计与优化、运行监控、热力设备结构设计、剩余寿命的评价等方面提供重要的理论依据。

第 1 章主要介绍研究背景与工程意义。第 2 章主要介绍火力电厂设备常用耐热钢在长时运行工况下的基本形变和强度特性，它是机组热力设备进行设计、计算、运行监控等非常重要的前提条件之一。第 3 章主要介绍交变载荷下火力电厂设备常用耐热钢的基本形变与强度特性，分析研究由温差引起的低周疲劳特性在不同应变速率、保载时长等因素下的特性，叠加高频振动的高低疲劳交互作用特性，以及预载荷后的疲劳损伤特征等。第 4 章主要介绍随温度交变的 TMF 工况载荷下的测试技术和方案，设备常用耐热钢的形变与损伤特征，通过简化的临近工况载荷试验和实际工况试验，对比分析温度交变对耐热钢加速形变特征和损伤机理的影响，阐述伴随温度交变下耐热钢失效的原因和机理。第 5 章简要介绍所建立的两种适用于评估机组设备形变与损伤的寿命模型：一种是从“工程”角度出发以描述宏观特征和损伤累积的唯真模型；第二种是以连续介质力学为基础的统一黏塑性本构模型。第 6 章通过所建两种寿命模型，模拟分析设备关键部位的形变特征和损伤特征，通过反算工况载荷试验并与试验结果的比较，验证两种模型的可靠性，同时通过模拟计算，为机组启动方案优化提供理论依据。第 7 章从工业应用角度出发，从可移植性、工作量、适用性和可靠性等方面对所建模型进行了评价。第 8 章对本书的内容进行总结与展望。

本书得到了德国西门子动力公司、瑞士阿尔斯通动力公司、上海电气汽轮机厂以及德国 W10 研究团队的技术指导，这里对他们提供的研究用试验材料表示感谢。

需要特别致谢的是德国结构材料中心 Dr. Berger 教授、高温结构材料室主任 Dr. Scholz 博士、金相研究室主任 Dr. Hoche 博士、德国西门子动力 Dr.Kostenko 博士和全体科研人员在 2004—2018 年对作者研究工作的支持与帮助，同时感谢西安石油大学李臻教授和所有研究生同学的支持。

特别感谢的还有我的父母，他们不仅给予了我接受高等教育的机会，而且还在本书撰写期间承担了很多照顾子女和家务的重任。

另外还要感谢我的丈夫、本书的共同作者王澎博士，在本书的著作过程中，不仅给予了许多建设性的意见，而且承担了研究中的有限元计算工作。在此我诚挚地表达对他的感谢。

本著作获得“西安石油大学优秀学术著作出版基金”和国家自然科学基金“超超临界汽轮机转子 TMF 损伤机理以及与本构模型的耦合”(编号：51305348)以及德国 AVIF 基金项目 A232、A239、A242 的资助，在此深表感谢。

火电厂机组的运行是非常复杂的过程，然而由于作者的理解与知识水平有限，书中不妥和错误之处欢迎广大读者批评指正。

作　者

2018 年 9 月

目　　录

第 1 章　绪　　论

在全球节能减排的目标下，越来越多的新能源开始发电并网。这些新能源(例如光伏、风能等)的间歇式输出模式会给电网带来波动(图 1.1)。因此，在可预知的未来，火力发电[1]在能源结构中不但将继续发挥其不可替代的作用，而且还将被赋予调峰的职责。调峰过程中机组的频繁启停，会加剧其高温部件的疲劳蠕变损伤，从而缩短机组寿命。随着“厂网分离，竞价上网”的发展趋势，发电企业会在定价策略中主动找到调峰所带来的高额利润和机组寿命损耗的平衡点，从而实现经济效益最大化。因此，无论是引领我国先进火电技术主要方向[2,3]且具有高效低排特点的大容量超超临界机组(蒸汽温度不低于 593℃或蒸汽压力不低于 30MPa[4])，还是其他正在运行的机组，都需要在设计、运行、监控等方面考虑调峰功能所带来的寿命损耗。

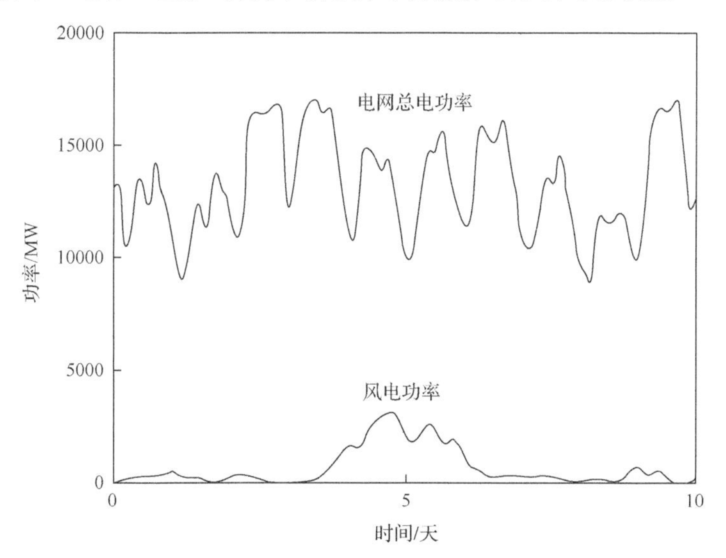

图 1.1　电网供电总负荷和风力供电负荷

图片来源：德国 E.ONE 公司

发电机组的关键零部件在服役过程中承受着非常复杂的机械载荷和热载荷等多重载荷，例如汽轮机转子运行工况下的载荷包括由重力、蒸汽压力和离心力等组成的初级载荷，以及由启停过程中温度变化和瞬时负荷波动引起的次级载荷[5](图 1.2)。初级载荷在设备部件材料上表现为应力控制形式，高温环境中会引起设备材料的蠕变形变和蠕变损伤。次级载荷具有周期性交替的特点，引起设备材料的低周疲劳形变和低周疲劳损伤[5](LCF)。与此同时，转子无论在运行工况高速旋转还是启停的过程中，重力所引起的弯矩均会在转子表面形成高频率振动，使设备材料产生高周疲劳损伤[6](HCF)。这种机组运行过程中的蠕变-疲劳交互作用，会加速部件表面的开裂。

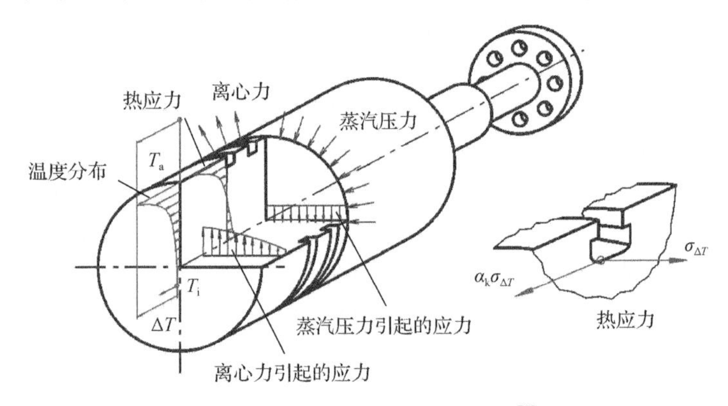

图 1.2 汽轮机转子承受的载荷[5]

T_a-转子外表温度；T_i-转子心部温度；$\sigma_{\Delta T}$-由温度引起的热压力；α_k-缺口部位的应力集中系数

耐热钢是发电机组主体用材，其高温强度是机组热力机械和设备选材的重要参数。选材需要考虑所选耐热钢调制处理后的高温屈服强度、韧性及其抗蠕变性能。通常情况下，大型火力汽轮发电机组的设计寿命为 30 年，其中，热力机械和设备的设计运行时间为 10^5h(约 11.4 年)[7]，满足设计寿命的典型耐热钢的蠕变强度如图 1.3 所示。在设计寿命下，1%～2%Cr 型铁素体和贝氏体结构的耐热钢种的最高服役温度范围为 540～550℃；9%～12%Cr 型高合金马氏体和奥氏体耐热钢种的最高服役温度范围为 550～600℃。随着全球气候变暖，节能减排成为当前全球的发展目标。提高运行过程中蒸汽压力和温度是当前火电厂提高效率、减少 CO_2 排放量的最有效途径。目前，美国、日本和欧洲的一些国家在研发和认证新型超超临界电厂主要高温部件用耐热钢方面仍处于世界绝对领先地位。美国的 EPRI (Electrical Power Research Institute)、欧洲的 COST(European Cooperation in Science and Technology)项目、ECCC (European Creep Collaborative Committee)，以及日本的 EPDC(Electrical Power Developing Company)等组织[8]的研究主要集中于锅炉的热交换器(例如高温过热器与再热器)、厚截面高温承压部件(例如高温过热器与再热器的进出口集箱、管道及其附件)和汽轮机转子等。研发的材料主要为9%～12%Cr铁素体(马氏体)钢和奥氏体钢[9,10]。奥氏体钢虽然有很好的抗持久、抗腐蚀性能,然而由于它的热导率低、热膨胀系数大、抗疲劳抗力差等特点,并不适用于大型的热动力设备部件(例如汽轮机转子[11]等)。铁素体钢则具有热导率高、热膨胀系数小、抗疲劳能力高的性能。近年来,发达国家在注重改善奥氏体钢性能的同时,将研发重点转向9%～12%Cr铁素体(马氏体)钢[12-14],以用于锅炉管、锅炉厚截面部件以及汽轮机转子。这类钢种不仅仅是600℃超超临界火力电厂高温部件的首选钢,而且也是新一代700℃超超临界火力电厂镍基/耐热钢混合型汽轮机转子的主选钢[15,16]。

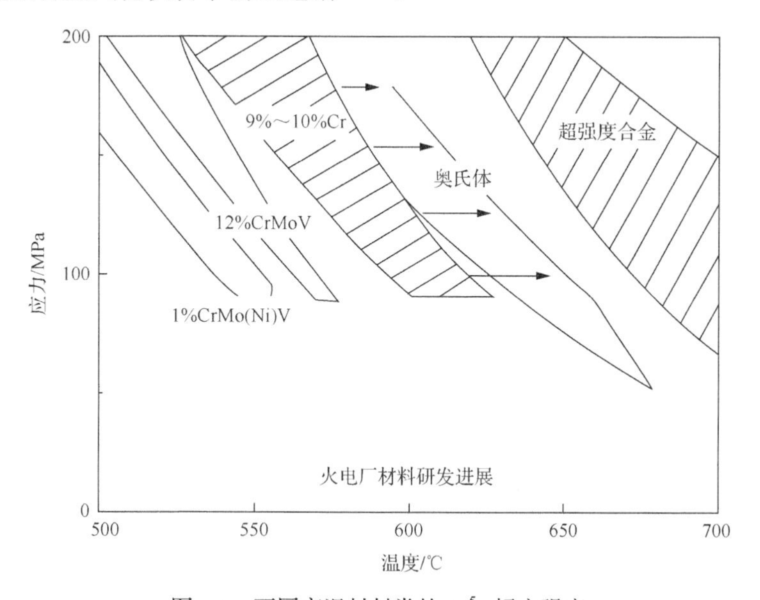

图1.3 不同高温材料类的10^5h蠕变强度

为了更准确掌握发电机组设备用材的性能,进一步提高设备利用率以及更加准确地评估设备的寿命,以及为发电机组的设计、运行、管理、监控等方面提供理论依据,本书主要研究先进火力电厂调峰运行工况下的机组设备用耐热钢的性能,研究主要从恒定载荷下的蠕变损伤分析、交变载荷下的疲劳损伤分析及蠕变–疲劳交互作用3方面展开。

第 2 章　高温恒定载荷下的蠕变特性

在机组稳定运行工况下，机械设备长时间承受(准)恒定载荷作用。设备材料在长时恒定载荷作用下的强度会随着形变和氧化过程而下降。机组材料的长时形变和强度特性是进行热力设备设计、计算、运行和监控等方面非常重要的前提条件。金属材料在高于其熔化温度 30%～40%的环境中承受恒定载荷时，即使这一载荷远低于它的屈服强度，也会随时间发生塑性形变，这就是所谓的蠕变[17]。蠕变损伤分析不是本书的研究重点，但为了保证研究的完整性，并为分析蠕变疲劳交互作用，本章将与本研究相关的蠕变研究成果做以简单介绍。

2.1　高温蠕变力学性能试验

在机组稳定运行过程中，设备承受(准)恒定载荷，此时设备材料的力学性能通过高温蠕变试验进行测定。高温环境中材料的力学性能会随着环境的改变而改变，因此，对于不高于 600℃的汽轮机组材料，相关标准(例如 GB/T 2039)规定试验过程中的温度偏差不能超过±3℃。控制与调节温度所用的热电偶依据 GB/T 16839 和 DIN 43710 进行选择和标定，以减少热电偶引起的误差并确保其在(超)长时试验中的稳定。

依据 ISO 204、GB/T 2039 和 DIN EN 10291 标准，高温蠕变试验分为非中断试验法和中断试验法。非中断试验法指的是在蠕变试验进行过程中，利用安装在试样上的引伸计连续不断地读取试样测试区域总伸长的方法。一般情况下，通过加载恒定砝码方式的单试样试验机或万能试验机上进行的蠕变试验多采用非中断试验法。中断试验法指的是在蠕变试验过程中允许多次周期性人为中断试验以便测量试样伸长量的方法。试验中断后将试样从试验机上卸载取下，在规定的环境温度下测量并记录试样伸长，然后再将试样重新装入试验机继续进行试验，重复试验流程直至试样断裂。试样伸长的测量以预先在试样测试区边界处植入的不宜发生高温腐蚀与形变的陶瓷针为基准，借助显微镜和所附带的游标卡尺实现。采用中断型试验法的试样上无需安装引伸计，可以实现多试样串联技术，以降低成本。

采用非中断试验法的蠕变试验，数据采集精度较高，试验成本也较高，时长在 500h 以内的蠕变试验多采用此试验方法。相比之下，采用中断试验方法的蠕变试验所获取的数据精度较低，但试验成本也较低，因此(超)长时蠕变试验一般采用该方法。耐热钢的蠕变特征曲线可以分为起始状态的非线性区、稳定状态的线性区和失效前的非线性区。依据这一曲线特征，并兼顾蠕变试验的经济性和数据精度，可将两种蠕变试验方法进行结合：蠕变试验进行的初期，蠕变特征曲线起始阶段的非线性区域，在单试样试验机上进行，以保证数据采集的精确度；当进入稳定的线性区域后，采用多试样串联技术，以降低长时试验成本。

2.2　高温蠕变特征

对于需要频繁启动的调峰机组设备的蠕变损伤特征的分析，除了需要设备材料在运行工况温度下的蠕变性能特征外，低于运行温度的蠕变性能曲线也是必不可少的。

依据金属材料在高温持续载荷环境下的微观损伤演变特点，可以将蠕变应变随加载时间的关系曲线划分为阶段Ⅰ、阶段Ⅱ和阶段Ⅲ3 个过程区域[18](图 2.1)。

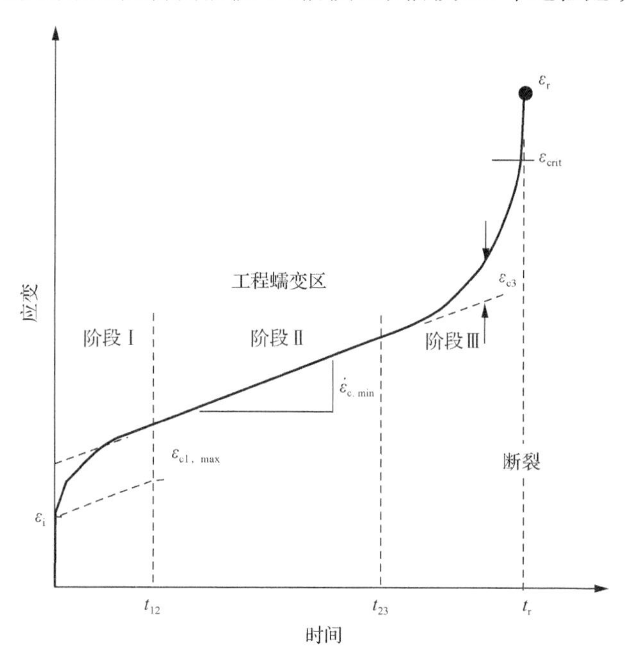

图 2.1　蠕变应变随时间的变化

测试温度：T=常数；测试应力：σ_0=常数

ε_i-塑性初应变；$\varepsilon_{c1,max}$-阶段Ⅰ的最大应变；$\dot{\varepsilon}_{c,min}$-最小蠕变速率；

ε_{c3}-阶段Ⅲ应变；ε_{crit}-临界应变；ε_r-断裂应变；t_r-断裂时间

蠕变特性可以通过唯真模型和本构模型描述。唯真模型是将恒定温度和恒定应力下的蠕变特性采用数学方法从现象上进行描述。本构模型是基于非常复杂的本构关系，将材料形变、强化(软化)特征以及损伤演变耦合于一体。因此模型中所涉及的参数较多，模型建立和系数的确定较为复杂。唯真模型使用简单，且能够较为准确地预测蠕变失效寿命，通常在机组设计和设备监控中所采用。综合考虑蠕变应变速率随蠕变之间的关系和蠕变速率与加载时间之间的关系，可以得出最小蠕变速率与所加载应力之间的关系[19](图 2.2)。由此可见，蠕变曲线次级区域(图 2.1 中阶段Ⅱ过程区域)中的蠕变速率 $\dot{\varepsilon}_{c,min}$ ，即最小蠕变速率是唯真蠕变模型中一个非常重要的参数。由于在曲线次级区域中，材料随时间的强化过程与本身受热回复过程达到平衡状态，因此蠕变速率达到最小值。

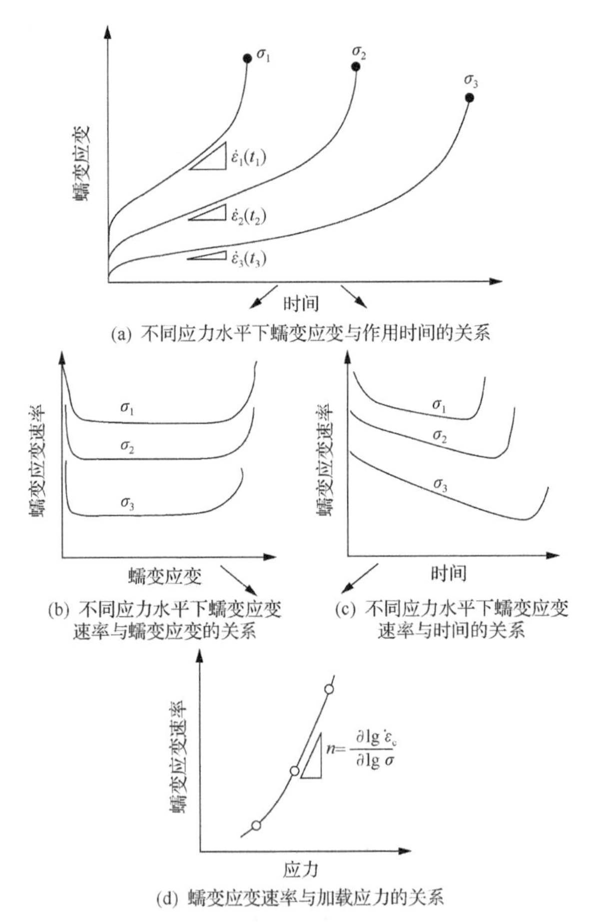

图 2.2　最小蠕变速率与所加载应力之间的关系推导

温度 T=常量；应力 $\sigma_1<\sigma_2<\sigma_3$

Norton 在 1929 年提出最小蠕变速率与所加载恒定应力之间的关系[20]：

$$\dot{\varepsilon}_{\mathrm{c,min}} = K \cdot \sigma^{n} \tag{2.1}$$

式中，$\dot{\varepsilon}_{\mathrm{c,min}}$ 为最小蠕变速率；σ 为加载应力；K 和 n 为与温度有关的材料参数。文献[21]、[22]指出，应力指数 n 代表了蠕变变形机理。应力指数为 4～7 时为位错蠕变；应力指数为 1～2 时为延晶蠕变损伤。在加载应力很小或蠕变速率很低的时候，有可能出现应力指数约为 1 的状态，此时为扩散蠕变[17,22,23]。Norton 关系式(式(2.1))是基于最小蠕变速率所建立，它仅适用于描述蠕变曲线上的阶段 II 区域。但由于它简单易用，常用于评估设备部件蠕变形变、应力再分配及应力松弛。设备机组在实际运行时由于载荷波动等因素温度不能保持恒定，而 Norton 关系式是建立在与温度相关的恒定参数的基础之上的，所以它不能直接用于机组设备蠕变形变的描述。由此可以将蠕变应变 ε_{c} 描述为[21]

$$\varepsilon_{\mathrm{c}} = f_1(\sigma) f_2(t) \tag{2.2}$$

式中，ε_{c} 为蠕变应变；$f_1(\sigma)$ 为与应力相关的函数；$f_2(t)$ 为与时间相关的函数。试验所得蠕变曲线具有幂指数形式的特征。常见的描述上述应力相关的函数有 McVetty 函数[24]：

$$f_1(\sigma) = A \sin\left(\mathrm{h}\frac{\sigma}{\sigma_0}\right) \tag{2.3}$$

Garofalo 函数[25]：

$$f_1(\sigma) = A\left[\sin\left(\mathrm{h}\frac{\sigma}{\sigma_0}\right)\right]^{m} \tag{2.4}$$

式中，A、σ_0 和 m 均为常数；σ 为应力。为了能够描述蠕变曲线的更多阶段，将仅与应力相关的方程进一步扩展到与时间相关的函数形式。比较常用的与时间相关的函数有 Bailey 方程[26]：

$$f_2(t) = F \cdot t^{m} \tag{2.5}$$

Grahm-Walles 方程[27]：

$$f_2(t) = \sum a_i \cdot t^{n_i} \tag{2.6}$$

Grofalo 方程[25]：

$$f_2(t)=\Theta_1(1-\mathrm{e}^{-\Theta_2 t})+\dot{\varepsilon}_{\mathrm{c,min}}\cdot t \tag{2.7}$$

式中，t 为时间；Θ 为 Θ 函数；$\dot{\varepsilon}_{\mathrm{c,min}}$ 为最小蠕变应变速率；F、n 和 m 均为常数。

将式(2.2)进一步扩充到与温度相关的形式[21]：

$$\varepsilon_{\mathrm{c}}=f_1(\sigma)\cdot f_2(t)\cdot f_3(T) \tag{2.8}$$

将与应力相关的函数、与时间相关的函数及与温度相关的函数相结合组成新的蠕变描述方法，可以很好地重现在一定的温度与应力下多个过程区域的蠕变曲线特征，例如可以同时描述蠕变曲线阶段 I 和阶段 II 过程区域的 Norton-Bailey 方程[26]：

$$\varepsilon_{\mathrm{c}}=K\cdot\sigma^n\cdot t^m \tag{2.9}$$

式中，K、n 和 m 为某一温度下的材料常数；σ、t 分别为加载应力和时间。Norton-Bailey 方程由于仅含 3 个常数，因此被广泛应用于机组设备材料蠕变性能的分析。如果更加完整准确的描述蠕变曲线 3 个过程区域，则需要设置更多的描述参数。如将式(2.7)扩展为[28]

$$\varepsilon_{\mathrm{c}}=\varepsilon_1+\Theta_1(1-\mathrm{e}^{-\Theta_2 t})+\Theta_3(\mathrm{e}^{\Theta_4 t}-1) \tag{2.10}$$

式中，Θ_1、Θ_2、Θ_3 和 Θ_4 分别为与应力和温度相关的函数，包含 20 多个参数。这些参数的确定不仅需要大量的蠕变表征试验[21]，而且参数值的确定比较复杂和困难，因此在当前机组设备的设计中很少使用。开发简单高效的参数确定方法，是将蠕变描述理论推广应用的重要桥梁。

对于先进的超超临界机组的调峰工况，掌握设备材料在低于运行温度环境下的蠕变特征很有必要。由于耐热钢材料在受压与受拉载荷下的蠕变特征没有十分显著的差异(图 2.3)，因此蠕变特征的描述主要以受拉载荷下的蠕变试验为基础。先进机组设备典型耐热钢在不同温度环境下所测得的蠕变曲线如图 2.4 所示，图中明显地反映了蠕变形变快速增长的阶段 I 和稳定增长的阶段 II 的特征。由于设备设计中通常不考虑趋于断裂前快速增长的蠕变阶段III，因此常选用 Norton-Bailey 方程(式(2.9))描述蠕变特征(图 2.5)。

Norton-Bailey 方程中不直接体现温度相关项，而是将温度影响隐含在材料参数 K、m 和 n 中。参数的确定需要考虑其随温度单调递增的物理意义。图 2.5 中分别给出以上三个参数随温度的单调变化关系，以有利于节点中间温度参数的内插取值。除此之外，在双对数坐标下，Norton-Bailey 方程的描述是以参数 m 为斜率的直线束。

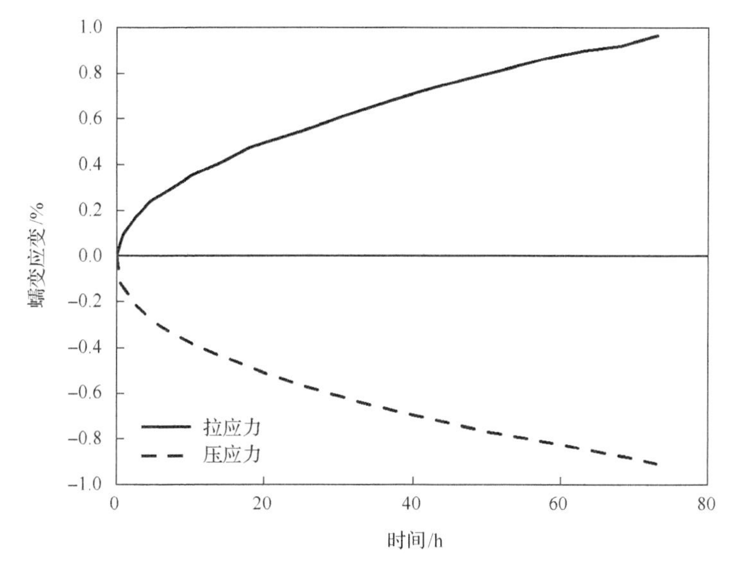

图 2.3　拉应力和压应力作用下的蠕变曲线

材料：2Cr；温度：T=550℃；应力：σ_0=314MPa

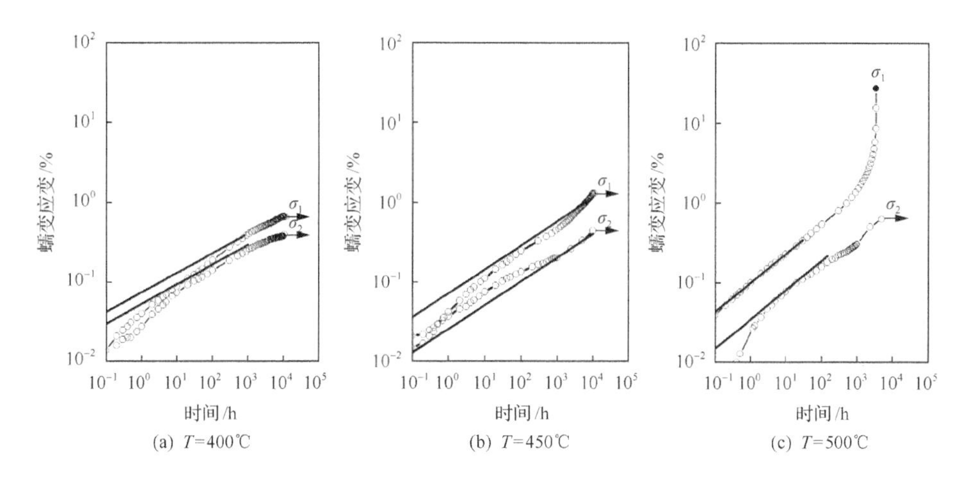

(a) T=400℃　(b) T=450℃　(c) T=500℃

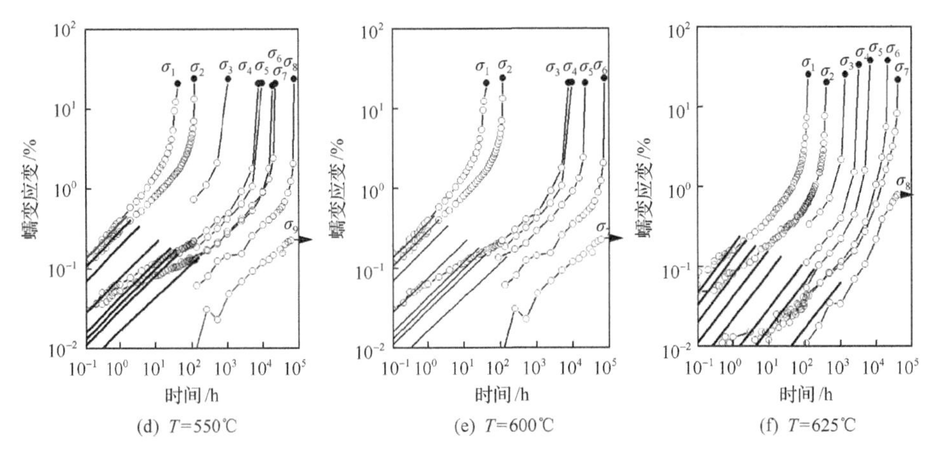

图 2.4　拉应力和压应力作用下的蠕变曲线(材料：10Cr)

σ_1～σ_9 为加载的不同应力水平，$\sigma_1>\sigma_2>\cdots>\sigma_9$；—o—试验值；—Norton-Bailey 拟合

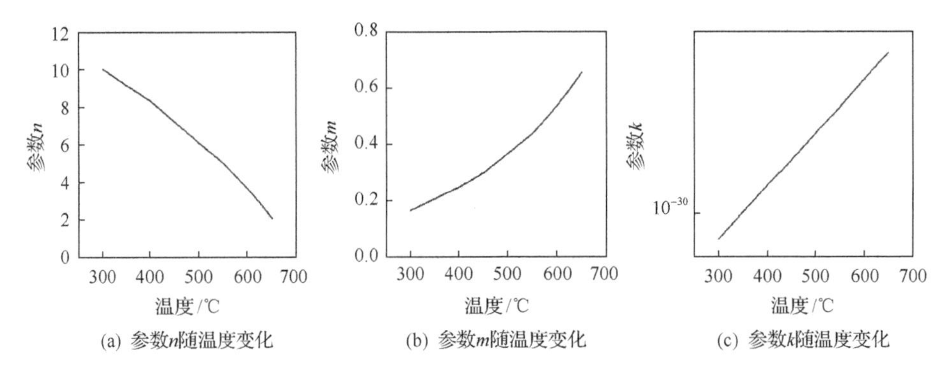

图 2.5　Norton-Bailey 参数随温度的变化(材料：10Cr)

在高温运行工况下，与承受恒定应力载荷而产生蠕变形变的部件类似，设备的某些零部件(例如螺栓)由于设计需要总形变受到约束，其承受的应力会随时间的增长发生松弛。松弛过程中，在保持总形变恒定的情况下，应力会随塑性形变的增加而降低；蠕变过程中，在应力保持恒定的情况下，塑性形变会随时间而增加。高温蠕变与高温松弛虽表现为两种不同的宏观现象，但会引起设备材料相同的微观损伤机理，所以在工程中通常使用蠕变试验所获得蠕变曲线来分析设备材料的应力松弛特性。应力松弛过程可近似等效为多个微小时间段蠕变累积引起的应力变化(图 2.6(a))。使用应力恒定的蠕变

曲线来重现总应变保持不变的应力松弛过程时，需要借助强化假说来实现。常见的强化假说有时效强化假说、应变强化假说和寿命强化假说。①时效强化假说认为，蠕变变形与载荷作用的时长有关，因此从高应力的蠕变曲线向低应力蠕变曲线过渡时应保持总作用时长不变[29]。如图2.6(b)所示，在应力σ_1作用下，经过Δt_1时间后的时刻点t_1与下一个应力σ_2的起始点t_2相同，即$t_2=t_1$。②应变强化假说认为，蠕变变形是一种非弹性形变。非弹性形变不会随加载应力的降低而消失，所以从高应力的蠕变曲线向低应力蠕变曲线过渡时应保持蠕变形变恒定。下一个应力σ_2水平下发生蠕变形变的起始应变ε_{c2}为上一个应力σ_1经过Δt_1时间后产生的塑性应变ε_{c1}，即$\varepsilon_{c2}=\varepsilon_{c1}$(图2.6(c))。③寿命强化假说是以Robinson寿命模型为基础提出的[30]。该假说认为，载荷作用下所消耗的蠕变寿命是连续累加的。在下一个应力σ_2作用下发生蠕变形变的起点应为该载荷下以消耗的寿命分数$t_2/t_{r2,\sigma2}$与上一个应力σ_1经过Δt_1时间后所消耗的寿命分数$t_1/t_{r1,\sigma1}$相等，即该应力下作用后的时刻t_1与该应力作用下的蠕变寿命$t_{1,\sigma1}$的比值(图2.6(d))。恒温应力松弛状态下，相对于时效硬化假说，应变硬化假说能够更好地描述蠕变阶段Ⅰ过程和阶段Ⅱ过程所引起的应力松弛特征(图2.7)[31,32]，同时应变硬化假说也相对简单，因此在工程设计中得到广泛应用。

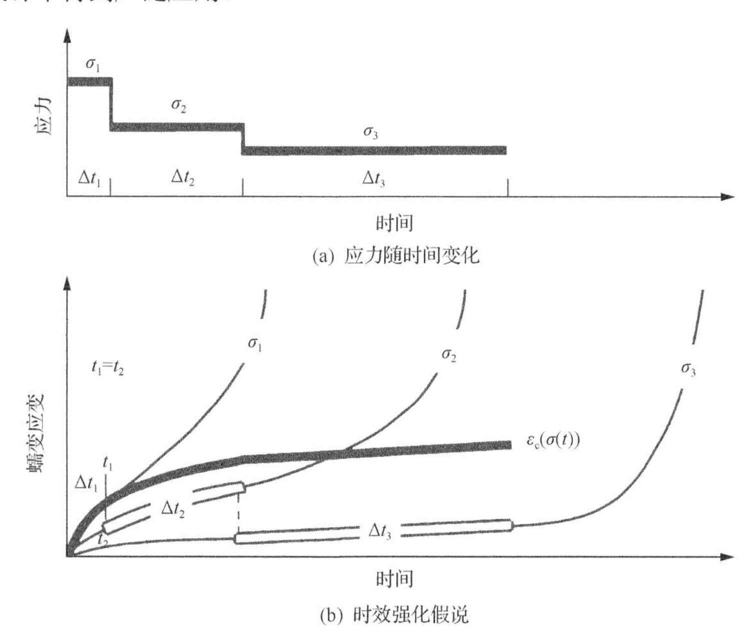

(a) 应力随时间变化

(b) 时效强化假说

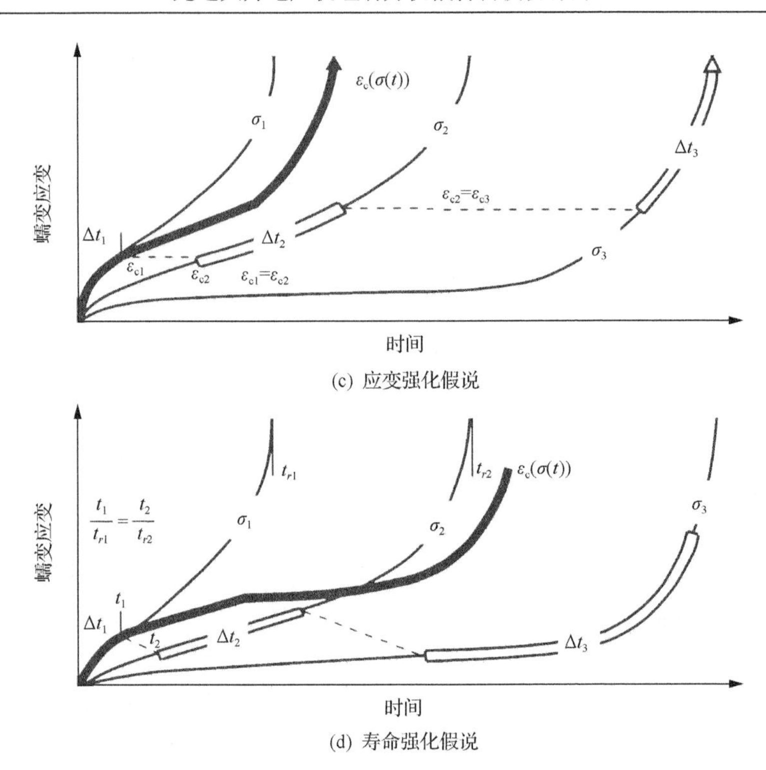

(c) 应变强化假说

(d) 寿命强化假说

图 2.6 强化假说在蠕变曲线上的应用

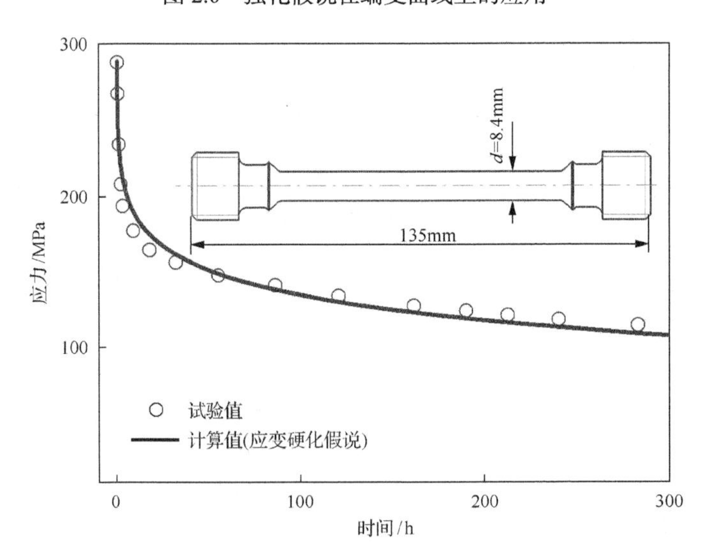

图 2.7 试验测得应力随时间的变化及与计算结果的对比

材料：10Cr；温度：$T=600$℃；总应变：$\varepsilon_t=0.2\%$

2.3　高温蠕变寿命

在掌握设备材料的蠕变形变特征的同时，长时蠕变强度和蠕变韧性的描述也是寿命设计中不可缺少的部分。通过蠕变试验，根据在不同温度、不同应力载荷条件下所获取的设备材料蠕变强度或蠕变韧性与加载时间的关系，分别建立单一蠕变寿命曲线(图 2.8(a))。与此同时，也可通过建立温度、时间参数 $P(T,t)$ 与加载应力 σ_0 之间的归一化特征曲线，来覆盖不同温度下的蠕变强度和蠕变韧性特征(图 2.8(b))。1952 年，Lason-Miller 以热力学理论为基础，提出了温度和时间参数 $P_{\mathrm{LM}}(T,t)$ 的表达式[33]：

$$P_{\mathrm{LM}}(T,t)=T(\log t+C) \tag{2.11}$$

式中，T 为热力学温度；t 为加载时间；C 为与材料相关的常数。这个表达式由于参数较少且简单易用，被广泛地用于设计计算中。$P_{\mathrm{LM}}(T,t)$ 与加载应力 σ_0 之间的归一化特征曲线可以通过数据直接拟合的方式获得，也可以通过模型函数来确定，其中比较常用的模型函数为应力函数 $f(\sigma_0)$ 的高阶多项式：

$$P_{\mathrm{LM}}(T,t)=\sum_{j=1}^{M}B_j\left[f(\sigma_0)\right]^{(j-1)} \tag{2.12}$$

将高阶多项式的模型函数式(2.12)与式(2.11)联立，可得到 $\log t$ 的表达式：

$$\log t=-C+\frac{1}{T}\sum_{j=1}^{M}B_j\left[f(\sigma_0)\right]^{(j-1)} \tag{2.13}$$

式中，B_j 为第 j 个多项式的系数。这里，应力函数 $f(\sigma_0)$ 一般为简单的单调函数(例如 $\lg\sigma_0$ 或 $\lg\sigma_0{}^m$)，模型函数一般取两阶多项式(j=3)。

归一化特征曲线可以作为外推更低温度或更低载荷下蠕变强度和蠕变韧性特征的基础，也可以用于分析不同批次材料蠕变性能的偏差。如图 2.8(b)所示，利用 Larson-Miller 关系(式(2.11)，参数 C=23)所得出的特征曲线，可以将 400～650℃温度范围内已经进行的蠕变强度更低的应力载荷下(约 20MPa)。与此同时，也可以将温度进一步外推到更大温度范围(T=300℃)(图 2.8(c))。

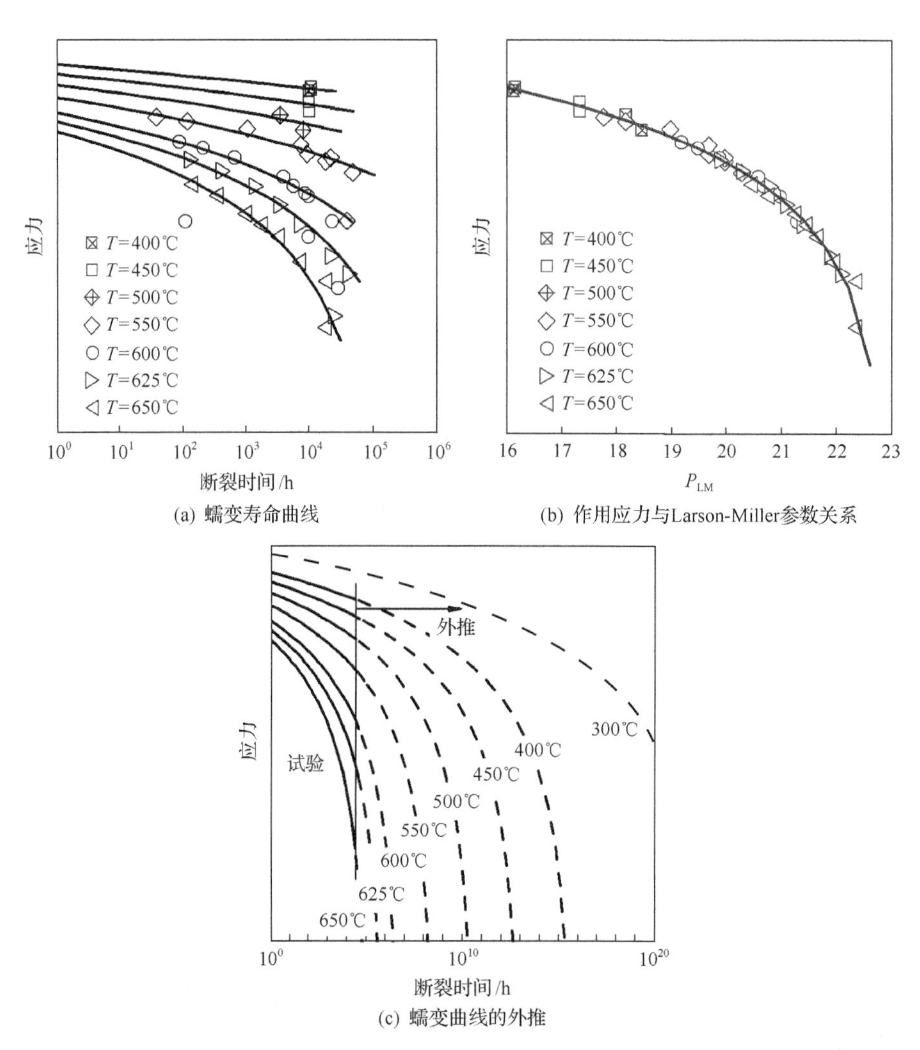

(a) 蠕变寿命曲线

(b) 作用应力与Larson-Miller参数关系

(c) 蠕变曲线的外推

图 2.8　蠕变强度特征曲线(材料：10Cr)

第3章　启停工况下与载荷波动的蠕变疲劳行为

对于频繁启停的调峰电厂，发电机组受热零部件(例如汽轮机转子)在运行过程中除了承受引起蠕变损伤的蒸汽压力、离心力等载荷外，还有机组启停过程中温度或者大幅度负荷变动引起的低周疲劳(LCF)载荷[5]，以及由自重、惯性等引起的高频振动(HCF)载荷[35]。这几种载荷相互叠加交互而产生的复杂蠕变疲劳损伤会加速汽轮机转子表面开裂，转子的寿命大幅度缩短[5,35,36]。缩短启停机时间可以提高启动效率，减少辅助设备的运行时间，降低启停运行费用，同时提高设备的灵活机动性[37]。机组启停过程的环境温度已经能够造成设备材料蠕变损伤，而由温差、波动等引起的低周疲劳，或由自重、惯性等引起的高周疲劳，均会与蠕变损伤叠加进而产生蠕变疲劳损伤。通常将这种工况引起的机械设备材料疲劳损伤称为高温疲劳。

3.1　高温疲劳力学性能试验

机组设备材料在交变载荷工况下的力学性能是依据 ISO 12106 并通过高温疲劳试验进行测定的。随着控制技术的成熟，当前对于超过屈服强度的大振幅低周疲劳试验常采用应变控制法，而对于低于屈服强度的高周疲劳通常采用应力控制法。与高温蠕变试验相似，由于材料会随着环境的改变而发生形变和损伤，因此严格的控制试验环境温度是非常重要的，实际与理论温差通常不能超过±3℃。控制与调节温度所用的热电偶需依据GB/T 16839和DIN 43710 的相关规定进行选择和标定，以减少热电偶引起的误差，确保其在长时试验中的稳定。

高温疲劳试验采用引申计控制应变速率和应变幅，应力控制直接由试验机载荷传感器控制。环境加热系统可以采用电阻丝加热、红外加热方式和电磁感应加热方式。电阻丝的加热速度相对较慢，但热均匀性和稳定性较好。红外和电磁感应的加热方式加热速度较快，但红外加热由于积碳问题不适用于长时试验。本章的恒温疲劳试验，采用三温区电热炉加热试样，以进一步确保试验进行过程中温度的均匀与稳定。

高温高周疲劳试验和高温低周疲劳试验均采用标准圆柱形试样，试验在万能试验机上进行(图 3.1(a))。高周疲劳试验采用应力控制法，低周疲劳试验采用应变控制法，安装在试样测试区域上的侧引伸计完成应变控制和调节（图 3.1(b)）。

(a) 高温疲劳试样的安装　　(b) 高温侧引伸计

图 3.1　高温疲劳试验测试系统

3.2　高温低周疲劳行为

调峰机组设备的设计与监控特别需要分别考虑到不同启动温度工况下的低周疲劳寿命特性。以先进 600℃机组为例，设备材料的高温疲劳试验以考虑冷启动(300℃)、温启动(450℃或 500℃)、热启动(550℃)以及运行时(600℃)循环为基准，分别进行三角波形式的拉压载荷测试。试验采用恒定应变速率的应变控制形式，应变速率为 10^{-3} s^{-1}。

与常温疲劳损伤相比，高温疲劳总伴随蠕变的发生，温度越高蠕变所占比例越大，疲劳和蠕变交互作用也越显著。高温疲劳试验中，蠕变疲劳交互损伤通过降低拉压速率或保持载荷实现。为评估蠕变与疲劳交互作用，分别进行应变速率为 10^{-5} s^{-1} 的三角波载荷谱，以及拉压分别为 3min 保载和 20min 保载的梯形波载荷谱形式的蠕变疲劳试验。对于设备关键部件尤其是高速旋转的部件(例如汽轮机转子)，应变控制的低周疲劳试验进行到试样表面出现肉眼可视裂纹结束。根据 ISO 12106，当平均应力幅与低周期循环次数呈线性关系后，将平均应力幅 $\Delta\varepsilon/2$ 非线性下降 X%时所对应的周期数定义为裂纹萌生寿命(图 3.2)。失效判据 X 的取值与部件的安全性等级有关，例如高速旋转的汽轮机转子钢的失效判据 X 一般为 1.5%～5%。对应于直径为 10mm 的圆棒形试样，其裂纹深度大约为 0.5～1mm。

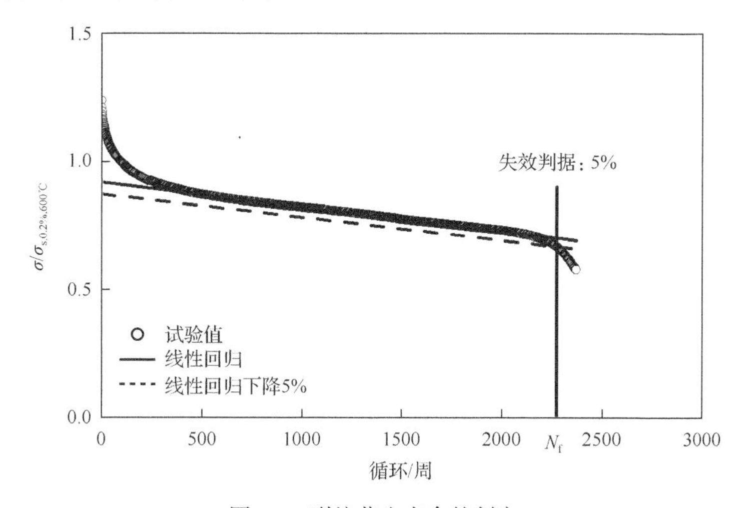

图 3.2　裂纹萌生寿命的判定

材料：10Cr；温度：T=600℃；应变幅：$\Delta\varepsilon$=0.78%；应变速率：$\dot{\varepsilon}=10^{-3}\ s^{-1}$；$\sigma$-加载应力；$\sigma_{s,0.2\%,600℃}$-600℃下塑性应变为 0.2%的屈服强度，余同

高温低周蠕变疲劳寿命曲线如图 3.3 所示，裂纹萌生寿命随着环境温度的升高而缩短(图 3.3(a))，随着保载时间的增长(图 3.3(b))及应变速率的降低而缩短(图 3.3(c))。对于机组设备常用耐热钢(例如 10Cr)的疲劳寿命在 625℃出现骤降(图 3.3(a))，因此机组调峰温度不宜超过 600℃。另外，拉压有保载的寿命比无保载的寿命有显著的缩短，而长时保载相对于短时保载的寿命却没有明显的缩短(图 3.3(b))。在图 3.3(c)中，拉压分别保载 3min 的寿命曲线与无保载的寿命曲线间隔较大，而与拉压分别保载 20min 寿命曲线间隔较小。这是由于所展示的 10Cr 耐热钢在保载阶段的应力松弛快速下降主要集中于一开始的 3min 阶段，之后的应力松弛接近平缓(图 2.7)。保载前 3min 的应力松弛速度随着环境温度的降低而降低，因此拉压分别保载 3min 的寿命相对于无保载寿命的缩短会随着环境温度的降低而减小(图 3.3(b))。同样，应变速率降低的第一个等级(从 $10^{-3}\ s^{-1}$ 降低到 $10^{-5}\ s^{-1}$)对蠕变疲劳寿命的影响非常大，而当应变速率再降低为原来的 1/100(从 $10^{-5}\ s^{-1}$ 降低到 $0.5\times10^{-7}\ s^{-1}$)后，寿命的降低不是十分显著(图 3.3(c))。

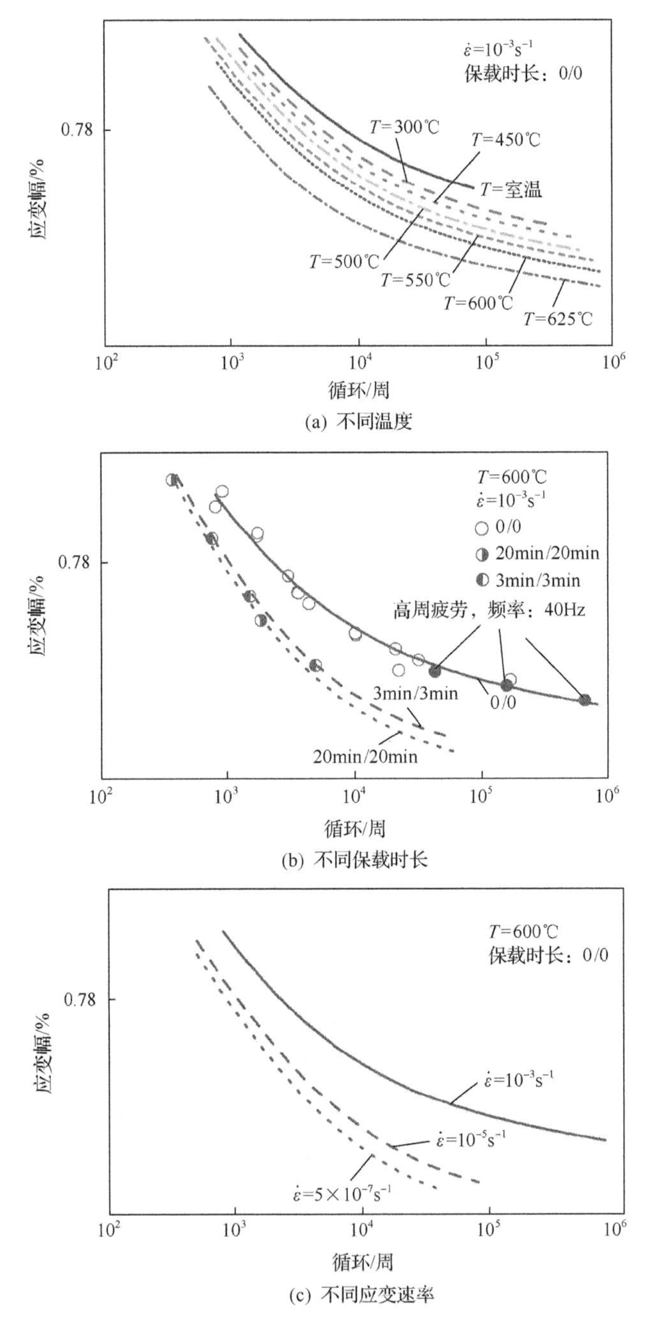

(a) 不同温度

(b) 不同保载时长

(c) 不同应变速率

图 3.3　疲劳寿命曲线

图中图标为试验值，曲线为拟合值

机组设备材料所承受的机械总机械应变幅 $\Delta\varepsilon$ 包含弹性 $\Delta\varepsilon_e$ 和塑性 $\Delta\varepsilon_p$ 两部分。与之对应，可将高温低周蠕变疲劳总寿命曲线也划分为弹性部分和塑性部分。在总应变幅 $\Delta\varepsilon$ 和循环周期数 N 的双对数坐标中，寿命曲线的弹性部分和塑性部分分别为两条直线。由此，Manson[38]和 Coffin[39]通过式(3.1)描述了机械应变幅 $\Delta\varepsilon$ 与失效循环寿命 N_f 之间的寿命关系：

$$\Delta\varepsilon = \Delta\varepsilon_e + \Delta\varepsilon_p = C_1 N_f^{\beta_1} + C_2 N_f^{\beta_2} \tag{3.1}$$

式中，C_1、β_1、C_2 和 β_2 为与材料和温度相关的系数。Coffin 在进一步的研究中引入了频率项以评估更加复杂载荷谱下的寿命。

长期稳定运行工况下的机组设备主要承受长时低应变载荷。随着应变幅的降低，设备所承受的损伤以应力松弛所引起的蠕变为主，疲劳损伤可以近似的忽略不计。由此 Timo[40]假定材料的长时疲劳寿命 N_f 所对应的时长 $t_{f,f}$ 与相当应力 σ_0 下的蠕变寿命时长 $t_{c,f}$ 相等。其中，相当应力 σ_0 与疲劳应变幅 $\Delta\varepsilon$ 满足式(3.2)：

$$\sigma_0 = \frac{\Delta\varepsilon}{2} \cdot E \tag{3.2}$$

式中，E 为弹性模量。长时疲劳寿命 N_f 满足相当应力 σ_0 下的蠕变寿命时长 $t_{c,f}$ 与疲劳单循环保载时长 t_h 之间的关系：

$$N_f = \frac{t_{c,f}}{t_h} \tag{3.3}$$

式中，疲劳保载时长 t_h 可以取循环中受拉保载时长，也可以取循环总保载时长。该关系仅适用于载荷低于此温度屈服强度的小振幅保载疲劳载荷工况，并且为该工况下疲劳寿命的极限。对于不含有保载的小振幅疲劳工况，如果忽略频率对寿命的影响，则可以借助高周疲劳寿命曲线[41]。将同温度下高周疲劳寿命数据添加到低周疲劳寿命曲线图中(图 3.3(b))，可以看出，高周疲劳寿命与同载荷幅的低周疲劳寿命非常接近。

机组用铁素体-马氏体钢具有典型的循环软化特征，它的强度会随温度的升高(图 3.4(a)～图 3.4(c))、应变速率的降低，以及保载时间的增长而降低(图 3.4(a)～图 3.4(c))。其循环强度特征可以通过在不同疲劳寿命比 N/N_f 下的应力应变关系体现(图 3.4(d))。应力应变关系可以使用 Ramberg-Osgood 模型描述[42]：

$$\frac{\varepsilon_a}{2}=\frac{\sigma_a}{E}+\left(\frac{\sigma_a}{K'}\right)^{1/n'} \tag{3.4}$$

式中，σ_a 和 ε_a 为周期性平均应力振幅和应变振幅；E 为杨氏弹性模量；K' 和 n' 为与温度相关的材料参数。在给定的寿命分数下(例如 $N/N_f=0.5$)，应力随温度的升高而降低。当含有拉压保载 3min，应力随温度升高的下降幅度比无保载时的更显著(图 3.4(a))。

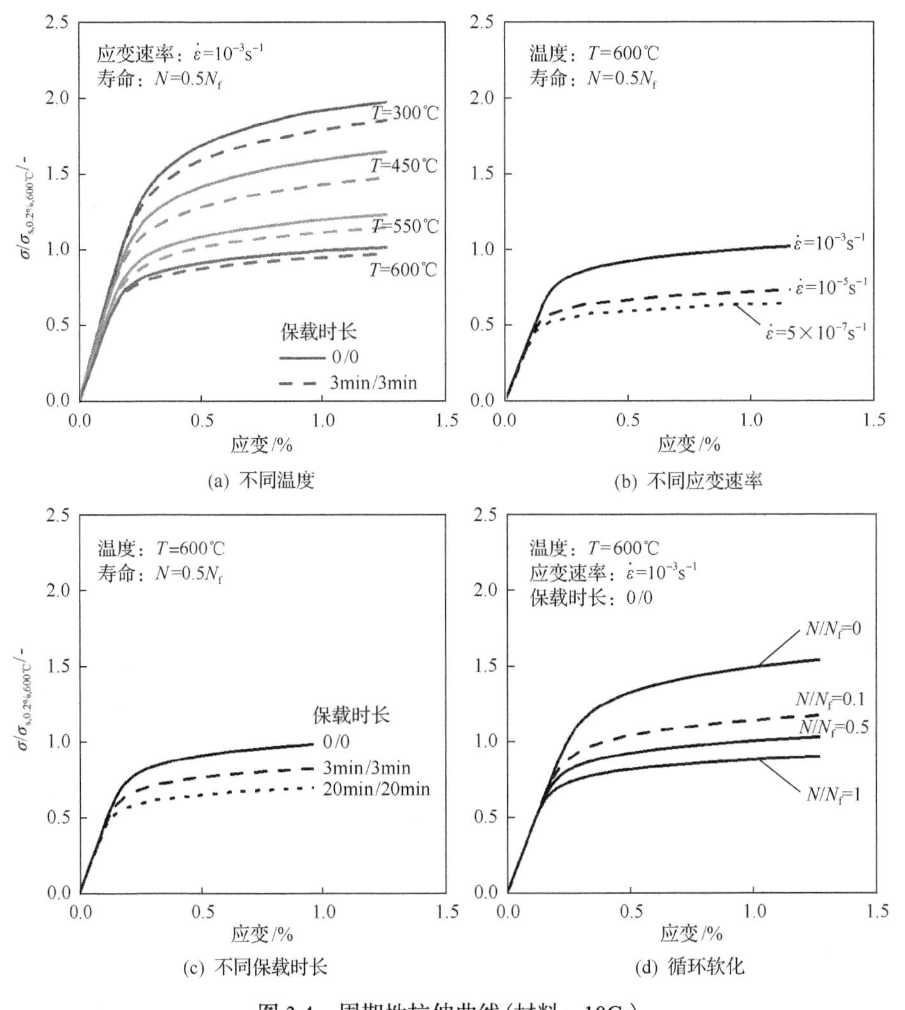

图 3.4　周期性拉伸曲线(材料：10Cr)

塑性应变是反应材料损伤的指标参数。机组设备用耐热钢无论是在相同机械应变幅不同温度下(图 3.5(a))，还是在相同温度不同机械应变幅下(图 3.5(b))，其塑性应变均随循环寿命分数的增加而增加。在相同机械应变幅不同温度载荷下，塑性应变寿命分数随着温度的增大而增大；在相同温度不同机械应变幅下，塑性应变寿命分数随机械应变幅的增大而增大。

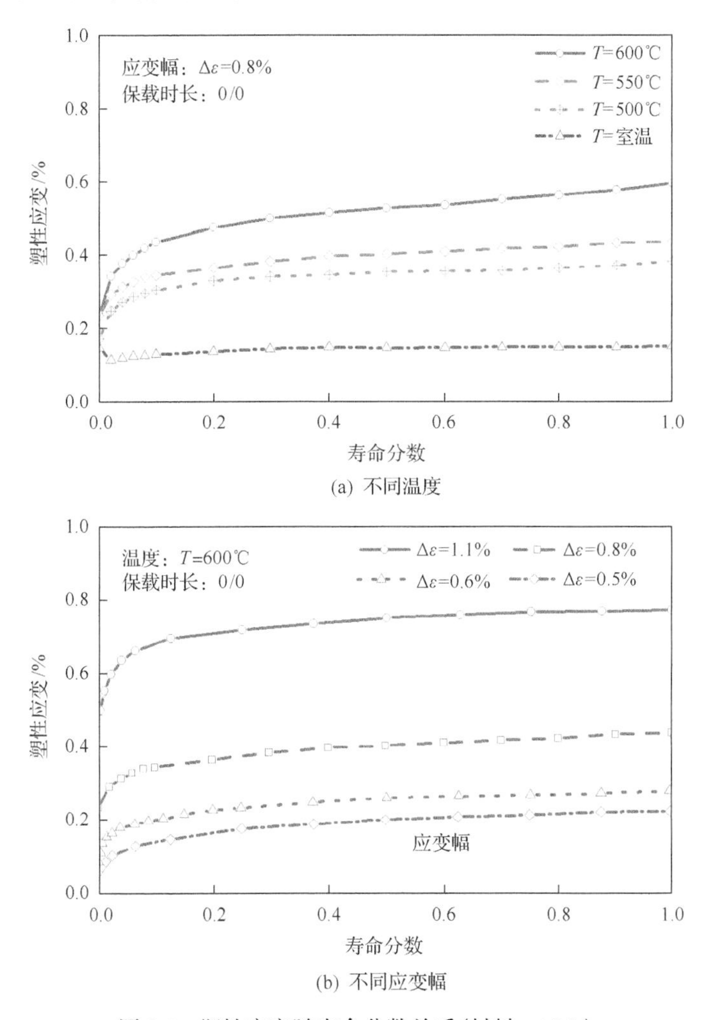

图 3.5　塑性应变随寿命分数关系(材料：10Cr)

图 3.6 所示为塑性应变随循环数的变化速率 $\mathrm{d}\Delta\varepsilon_p / \mathrm{d}N$ 和寿命分数 N/N_f 之间的关系。在循环初期，塑性应变速率随循环周期的增大而快速降低；在循环中期，塑性应变速率趋于平缓，达到最小值 $(\mathrm{d}\Delta\varepsilon_p / \mathrm{d}N)_{min}$；而在循环末

期，塑性应变速率急剧增大。相同温度不同机械应变幅下（以 600℃为例）的塑性应变速率 $d\Delta\varepsilon_p / dN$ 和塑性应变幅 $\Delta\varepsilon_p$ 如图 3.7 所示。塑性应变速率 $d\Delta\varepsilon_p / dN$ 随塑性应变幅 $\Delta\varepsilon_p$ 的变化曲线走势也同样表现为以上所述的 3 个过程，即匀速下降-塑性变速率达到最小值-急剧上升。其中，匀速下降阶段占整个曲线的比例最大，该阶段的曲线为直线，直到塑性应变幅速率达到最小值。该值为第二过程与第三过程的转折点，在工程上通常定义为失效寿命 N_f。

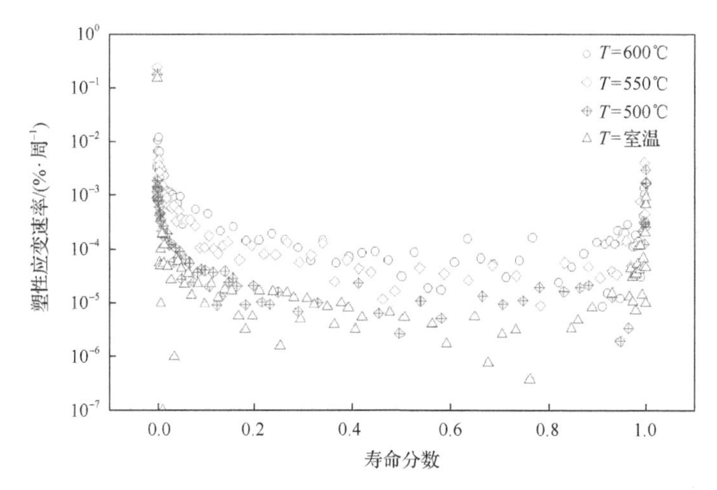

图 3.6　塑性应变速率随寿命分数的关系

材料：10Cr；应变幅：Δε=0.8%；保载时长：0/0

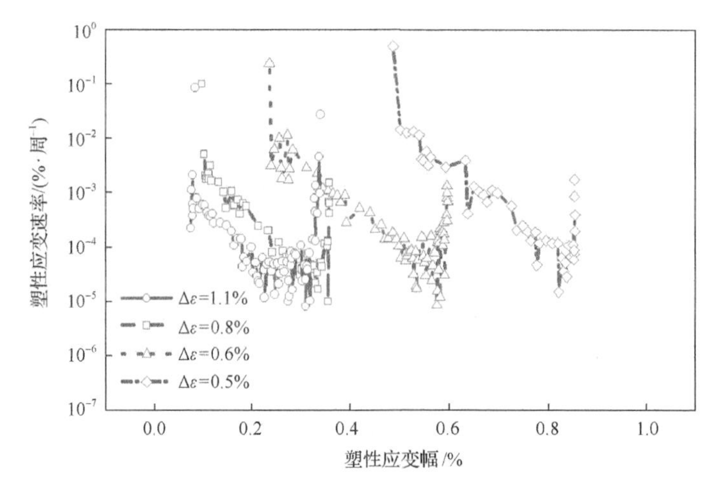

图 3.7　塑性应变速率随塑性应变幅的关系

材料：10Cr；温度：T=600℃；保载时长：0/0

借鉴描述恒定载荷蠕变应变与作用时间关系的方法，从现象上将塑性应变随循环周期数的变化速率表达为

$$\frac{\mathrm{d}\Delta\varepsilon_{\mathrm{p}}}{\mathrm{d}N}=f(\Delta\varepsilon) \tag{3.5}$$

式中，$\Delta\varepsilon$ 为应变幅。在等幅应变控制模式下，$\Delta\varepsilon$ 为恒定值。

对于对称拉压的载荷工况，应变幅 $\Delta\varepsilon$ 可分解成弹性应变幅 $\Delta\varepsilon_{\mathrm{e}}$ 和塑性应变幅 $\Delta\varepsilon_{\mathrm{p}}$ 两部分

$$\frac{\Delta\varepsilon}{2}=\frac{\Delta\varepsilon_{\mathrm{e}}}{2}+\frac{\Delta\varepsilon_{\mathrm{p}}}{2} \tag{3.6}$$

其中，弹性应变幅可由杨氏模量 E 与应力 $\Delta\sigma/2$ 关系确定：

$$\frac{\Delta\varepsilon_{\mathrm{e}}}{2}=\frac{\Delta\sigma}{2E} \tag{3.7}$$

联立式(3.6)可得

$$\frac{\Delta\sigma}{2}=E\cdot\left(\frac{\Delta\varepsilon}{2}-\frac{\Delta\varepsilon_{\mathrm{p}}}{2}\right) \tag{3.8}$$

将式(3.8)代入式(3.5)可知，当应变幅 $\Delta\varepsilon$ 恒定时，应力幅 $\Delta\sigma$ 与循环数 N 满足

$$\frac{\mathrm{d}\Delta\varepsilon_{\mathrm{p}}}{\mathrm{d}N}=f\left(\frac{\Delta\sigma}{E}+\Delta\varepsilon_{\mathrm{p}}\right) \tag{3.9}$$

式中，循环数 N 适用于 $2\leqslant N\leqslant N_{\mathrm{f}}$ 区间，其中 N_{f} 为工程所定义的临界循环数，也就是寿命点。当 N=1 时，塑性应变 $\Delta\varepsilon_{\mathrm{p}}/2$ 可以由图 3.4(a)的高温拉伸曲线读取，也可由 Ramberg-Osgood 模型得出。机组设备材料寿命为塑性应变幅速率达到最小值时所对应的循环数 N_{f}。

取图 3.7 中的阶段Ⅱ，即线性下降段的数据进行回归拟合(图 3.8)，在双对数坐标下，塑性应变速率与塑性应变值可表达为线性关系，即

$$\lg\frac{\mathrm{d}\Delta\varepsilon_{\mathrm{p}}}{\mathrm{d}N}=A_1+B_1\lg\Delta\varepsilon_{\mathrm{p}} \tag{3.10}$$

式中，A_1 和 B_1 分为图 3.8 中拟合直线的截距和斜率。拟合直线的截距 A_1 随应变幅的增大而增大，斜率 B_1 则随应变幅的增大而减小。

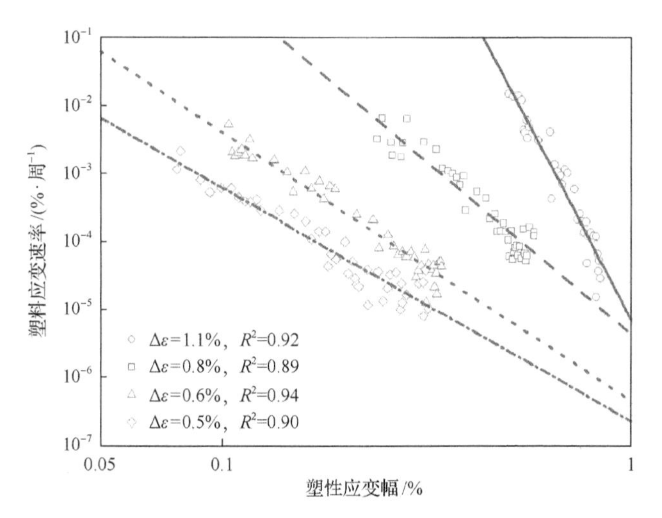

图 3.8　塑性应变幅速率与塑性应变幅的拟合关系

材料：10Cr；温度：T=600℃；保载时长：0/0

同理，可将塑性应变速率与循环数的关系进行拟合，结果如图 3.9 所示。在双对数坐标下，塑性应变速率($\mathrm{d}\Delta\varepsilon_\mathrm{p}/\mathrm{d}N$)与塑性应变幅($\Delta\varepsilon_\mathrm{p}$)呈线性关系，即

$$\lg\frac{\mathrm{d}\Delta\varepsilon_\mathrm{p}}{\mathrm{d}N} = A_2 + B_2\lg N \tag{3.11}$$

式中，A_2 和 B_2 分为图 3.9 中拟合直线的截距和斜率。截距 A_2 随应变幅的增大而增大，而斜率 B_2 则随应变幅的增大而减小。

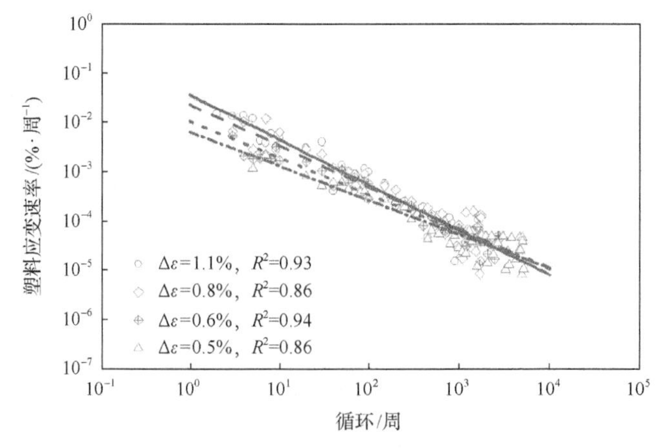

图 3.9　塑性应变速率与循环数的拟合关系

材料：10Cr；温度：T=600℃；保载时长：0/0

建立式(3.10)中两个参数 A_1 和 B_1 与应变幅 $\Delta\varepsilon$ 之间的指数关系：

$$A_1 = a_1 e^{-\Delta\varepsilon/t_1} + a_0 \tag{3.12}$$

$$B_1 = b_1 e^{-\Delta\varepsilon/t_2} + b_0 \tag{3.13}$$

式中，a_1、t_1、a_0、b_1、t_2 和 b_0 均为拟合常数。

同理如图 3.10 所示，建立式(3.11)中两个参数 A_2 和 B_2 与应变幅 $\Delta\varepsilon$ 之间的指数关系：

$$A_2 = a_2 e^{-\Delta\varepsilon/t_3} + a_3 \tag{3.14}$$

$$B_2 = b_2 e^{-\Delta\varepsilon/t_4} + b_3 \tag{3.15}$$

其中，a_2、t_3、a_3、b_2、t_4 和 b_3 均为拟合常数。

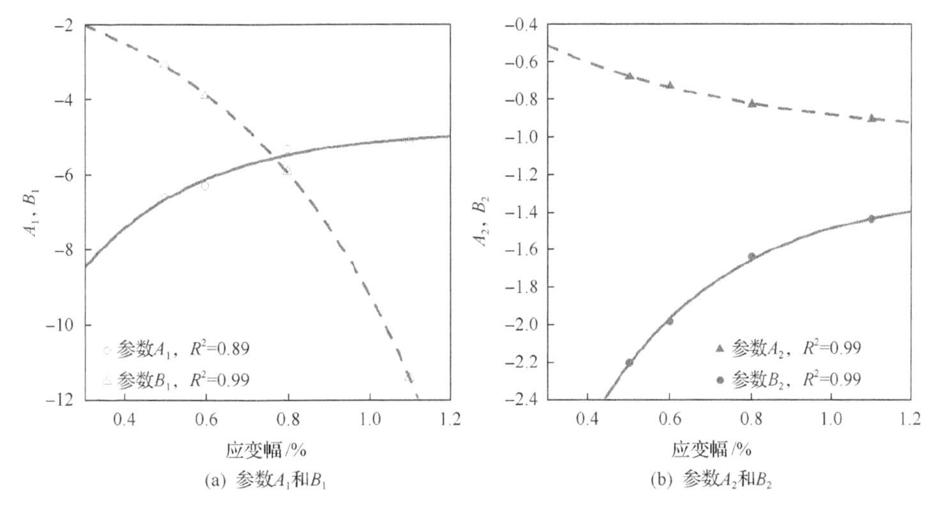

(a) 参数A_1和B_1　　(b) 参数A_2和B_2

图 3.10　参数与循环数的拟合关系

A_1、A_2、B_1、B_2 分别为图 3.8 和图 3.9 拟合线的截线和斜率

将塑性应变速率与塑性应变及循环周期的关系联合可得

$$\lg\Delta\varepsilon_p = \frac{A_2 - A_1}{B_1} + \frac{B_2}{B_1}\lg N \tag{3.16}$$

令 $C_1 = \dfrac{A_2 - A_1}{B_1} = \dfrac{a_2 e^{-\Delta\varepsilon/t_3} + a_3 - (a_1 e^{-\frac{\Delta\varepsilon}{t_1}} + a_0)}{b_1 e^{-\frac{\Delta\varepsilon}{t_2}} + b_0}$，$C_2 = \dfrac{B_2}{B_1} = \dfrac{b_2 e^{-\frac{\Delta\varepsilon}{t_4}} + b_3}{b_1 e^{-\frac{\Delta\varepsilon}{t_2}} + b_0}$，可得

$$\Delta\varepsilon_{\mathrm{p}} = 10^{(C_1 + C_2 \lg N)} \tag{3.17}$$

建立图 3.7 中塑性应变幅随循环数变化的最小值$(\mathrm{d}\Delta\varepsilon_p / \mathrm{d}N)_{\min}$与应变幅$\Delta\varepsilon$的拟合关系，如图 3.11 所示，即

$$\left(\frac{\mathrm{d}\Delta\varepsilon_{\mathrm{p}}}{\mathrm{d}N}\right)_{\min} = a\mathrm{e}^{-\Delta\varepsilon t} + a_0 \tag{3.18}$$

式中，a、t和a_0为拟合常数。由于这个值非常小且随应变幅的变化非常敏感，需要在今后的研究中做进一步的探讨。

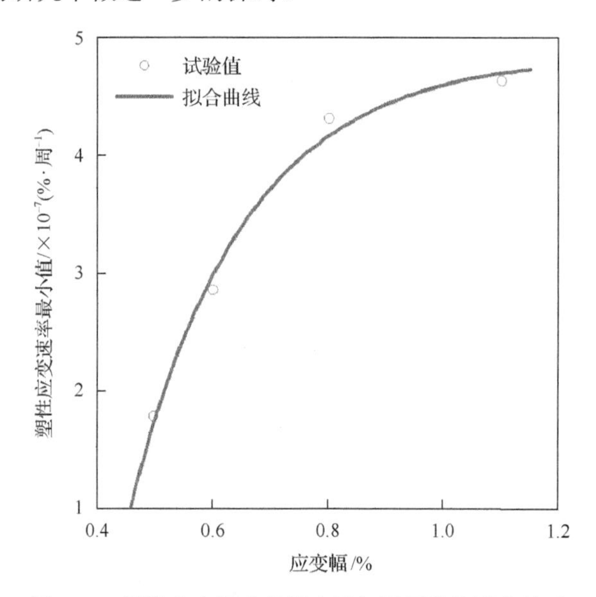

图 3.11　塑性应变幅速率最小值与循环数的拟合关系

材料：10Cr；温度：T=600℃；应变速率：$\dot{\varepsilon}=10^{-3}\ \mathrm{s}^{-1}$；保载时长：0/0

根据上述推导出的寿命模型用于计算 10Cr 钢在其他应变幅下的应力随循环数的关系，以及预测失效时的寿命值N_{f}。计算值能够比较好地预测试验测量结果，如图 3.12 所示。然而，可以看到在应变幅较大或者接近于屈服强度的较小载荷下，预测结果偏差较大。这与影响寿命预测的最低塑性应变速率有关。总体上应力峰值随循环数的变化描述的比较好。

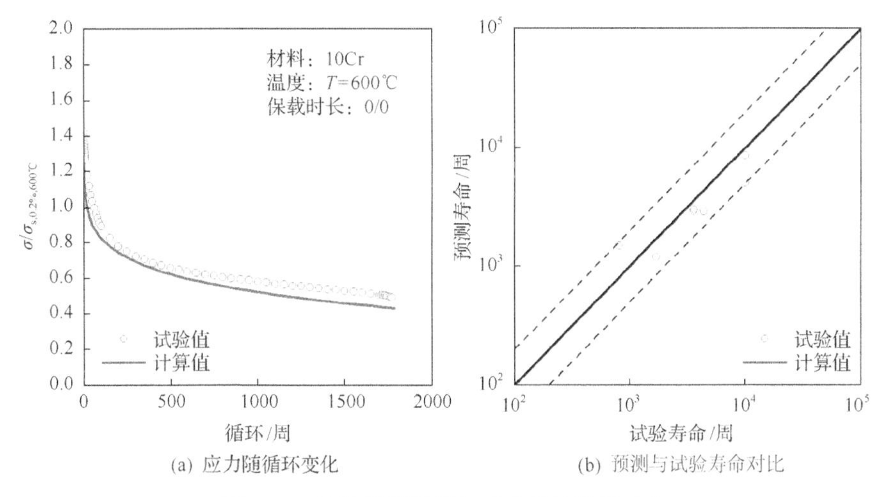

(a) 应力随循环变化　(b) 预测与试验寿命对比

图 3.12　计算模拟结果与试验测量结果对比

3.3　叠加高频振动的低周疲劳特性

相对于温差引起的大幅值高温低周疲劳损伤，高频振动的载荷幅值相对较低并且可控，因此在先进机组高温部件寿命设计和可靠性评估中，通常采用加大安全系数的方法估算高频振动引起的部件损伤。然而，当高频振动与蠕变、低周蠕变疲劳等复合交互时，机组的寿命会大幅下降[35,36]。开展高温高频疲劳试验，除了可以表征热力设备材料的高周疲劳特性，还可作为低周疲劳特性曲线向低载荷区域外推研究[41]的辅助数据支撑。

高周疲劳试验分别在 300℃和 600℃下进行，这两个温度是先进 600℃机组典型的冷启动温度和运行温度。载荷谱采用正弦波型，频率为 40Hz。试验进行到试样断裂时结束，断裂时的循环数为试样高周疲劳寿命。试验结果如图 3.13 所示，高周断裂循环数随载荷幅的增高而增大，随温度的增高而降低。

图 3.14 为叠加 50Hz 频率下高低周复合疲劳(LCF+HCF)寿命特征曲线[36]，其纵坐标为载荷谱中低周应变幅。在完全相同的高低周复合载荷谱下，疲劳寿命随温度的升高而降低。如果所叠加的高频振幅的载荷相同，疲劳寿命随着低周振幅的增大而降低(图 3.14(a))。相对于纯低周疲劳，即使所叠加的高频振动振幅很小，疲劳寿命也会大幅缩短，且寿命可缩短至无叠加高频振动的、纯低周疲劳寿命的 1%(图 3.14(b))。同时在相同的低周振幅下，疲劳寿命随着所叠加的高频振动幅的增大而缩短。

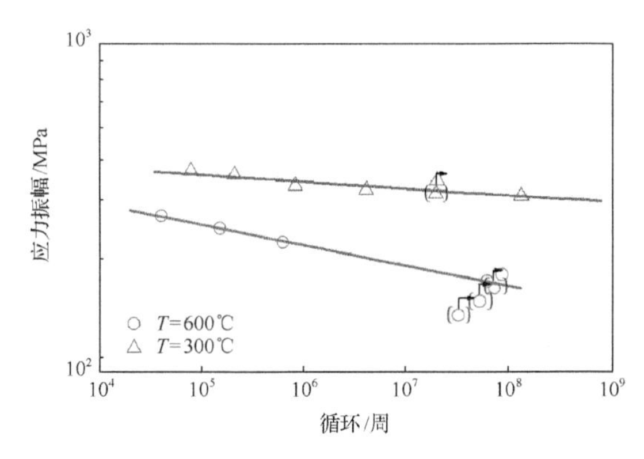

图 3.13　高周疲劳寿命曲线

材料：10Cr；频率：f=40Hz；箭头表示试验正在进行中；带有台阶型箭头表示试验进行到一定循环后还未出现裂纹，载荷提升 10%后继续进行

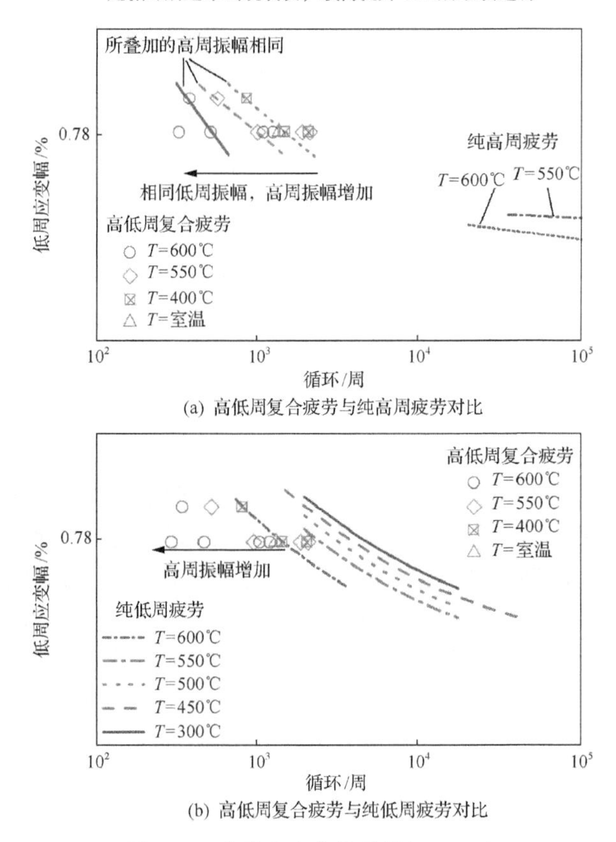

(a) 高低周复合疲劳与纯高周疲劳对比

(b) 高低周复合疲劳与纯低周疲劳对比

图 3.14　疲劳寿命曲线(材料：10Cr)

图中图标为试验值，曲线为拟合值

由此可见，在低周载荷上所叠加的高频振动幅与低周应变幅之比，即相对应变幅 $\Delta\varepsilon_{HCF}/\Delta\varepsilon_{LCF}$，与相应低周疲劳寿命的缩短量呈反比关系。在双对数坐标下，可建立相对应变幅与高低周复合下的寿命、低周寿命的相对寿命($N_{HCF+LCF}/N_{LCF}$)的统一化关系，如图 3.15 所示，随着所叠加高频振动载荷幅占低周载荷幅的增大，寿命呈规律性减小。随着所叠加高频振动载荷幅的减小，该曲线趋近于 1，即趋近于纯低周疲劳寿命。由于所叠加高频振动的频率对其复合寿命的影响可以忽略[43]，因此高周频率也不会影响复合寿命与低周寿命之间的比值($N_{HCF+LCF}/N_{LCF}$)，如图 3.15(b)所示。另外，循环保载时长对寿命的影响隐含于上述的统一化曲线中(图 3.15(c))。这种统一化描述的方法，由于简单易用，可用于分析评估机组设备在运行工况(例如机组启动工况)下由于自重等因素引起的高频振动与温差引起的低周载荷的交互作用，及其对寿命的影响。本书对此方法只进行初步探讨，深入的理论研究和分析将在未来开展。

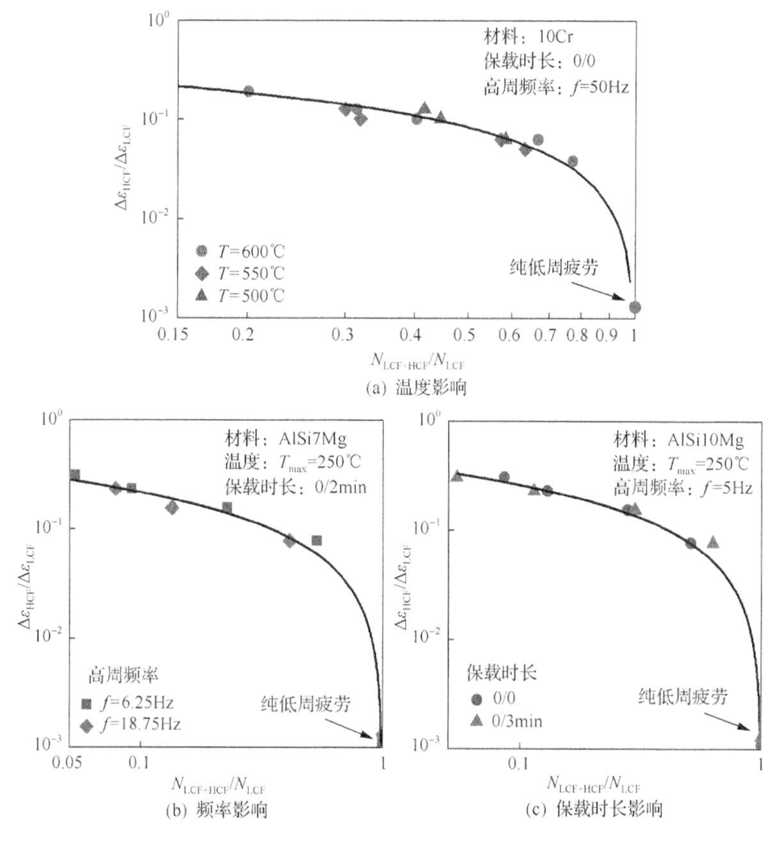

图 3.15　应变比与寿命比的关系

图中图标为试验值，曲线为拟合值；其中(b)和(c)的数据源于文献[43]

3.4　温度影响下的低周疲劳特性

发电机组的启停是温度连续性变化的过程，在开展工况载荷下的设备材料特征研究之前，首先进行高温预载荷模块化试验。模块化载荷试验的设计理念是利用非连续性变化的温度载荷模拟温度连续性变化载荷下的蠕变疲劳试验。这个试验结果用于频繁启停载荷工况下设备机组材料性能的分析与寿命预测，详见第 5 章。

试验将温度连续性变化载荷分解为运行温度阶段和启动温度阶段，并利用保载过程将这两个阶段有效连接，使之相互联系和影响。试验方案如图 3.16(a)所示。试验依据 ISO 12106 执行，机械交变载荷为应变控制的三角

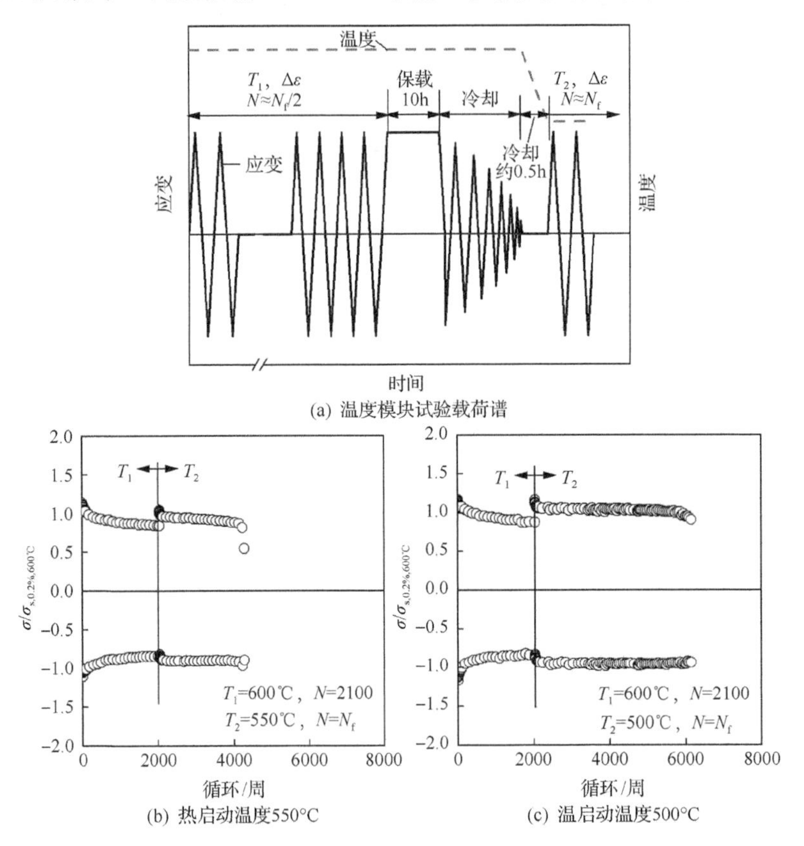

图 3.16　模块化载荷试验

材料：10Cr；保载时长：0/0

波形。试验首先在运行工况温度 T_1 下加载至大约本温度下裂纹萌生寿命的一半($N_f/2$)后，在最大振幅处保载以模拟蠕变损伤，然后保持 T_1 温度恒定逐级卸载，再降温至启动温度 T_2 并保持稳定。随后在温度 T_2 下加载与温度 T_1 同样机械振幅的三角波，直到试样表面出现可视性裂纹。

经过在工况温度 T_1=600℃下大约一半疲劳寿命的预载荷后，10Cr 钢在低温工况 T_2=300℃的塑形区抗拉性能下降了大约 40%(图 3.17)，而弹性模量没有明显地变化。热启动(图 3.16(b))和温启动(图 3.16(c))工况下的应力峰值曲线十分平滑，所测峰值与预期结果很好的吻合。冷启动工况下所采集的应力峰值曲线有一些扰动，所测峰值与预期的结果在可接受范围内(图 3.16(b))。寿命特征关系如图 3.18 所示，图中的曲线从左向右分别为 600℃、550℃、500℃和 300℃的全寿命 S-N 曲线(LCF 性能曲线)；菱形、正方形和三角形表示经过 600℃一半寿命预载荷后，分别在 550℃、500℃和 300℃下的寿命。可以看出，经过 600℃一半寿命预载荷的寿命比没有预载荷的寿命大幅缩短，其中预载荷对 300℃的寿命影响最大。

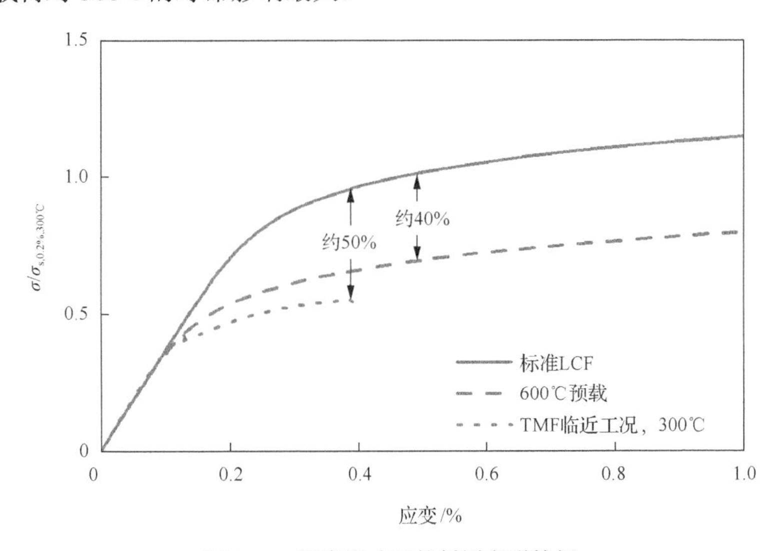

图 3.17　温度影响下的低周变形特征

材料：10Cr；温度：T=300℃；寿命：N=0.5N_f；应变速率：$\dot{\varepsilon}=10^{-3}\ s^{-1}$

$\sigma_{s,0.2\%,300℃}$-300℃下塑性应变为 0.2%的屈服强度，余同

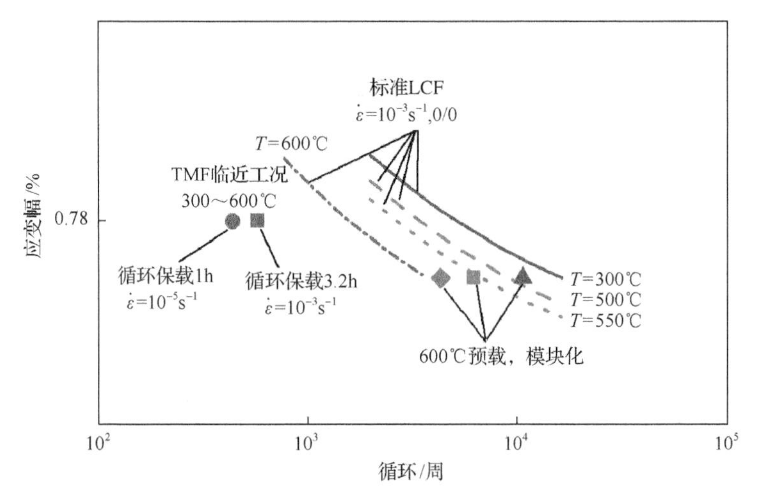

图 3.18 预载荷对低周疲劳寿命的影响(材料：10Cr)

图中图标为试验值，曲线为拟合值

目前所进行的模块化试验的开展主要是分析高温预载后低温区域的蠕变疲劳特征，而低温预载后高温区域的蠕变疲劳特征并未开展试验研究。在实际的启停工况下，温度处于交替状态，高温区所产生的损伤会大幅降低设备材料低温区内的抗拉强度(图 3.17)。而在同样的应变幅载荷下，低温区所产生的较大的应力可使材料面临断裂(详见第 4 章)，这部分的特征分析需要在今后的研究中进一步完善。

第4章　工况载荷下蠕变疲劳特性

从电厂运行工况着眼，机组在运行中主要有三种启动方案(图4.1)，即冷启动(C)、温启动(W)和热启动(H)。冷启动机组停机时间较长，启动温度较低；热启动机组的停机时间较短，启动温度较高。冷启动的启动温度与运行温度之间的温差约为300℃，温启动的温差处于100～150℃，热态启动温度

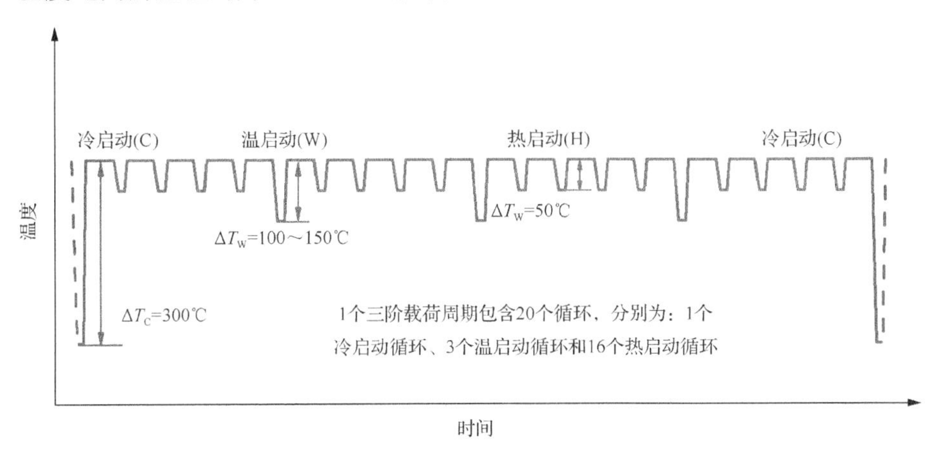

(a) 温度随时间载荷的变化

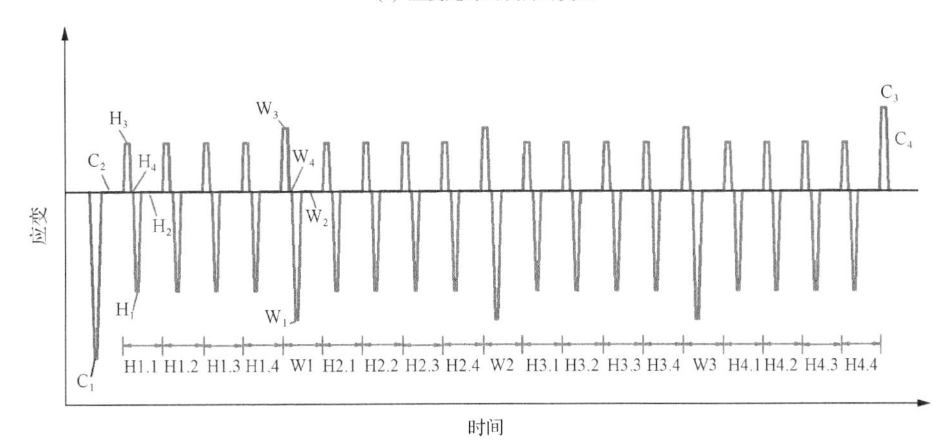

(b) 应变随时间载荷的变化

图4.1　三阶临近工况载荷

约为 50℃。依据运行设计方案将运行启动模式按周期系列划分，每个周期系列包含 20 个循环(三阶载荷)，即 1 个冷启动循环，3 个温启动循环和 16 个热启动循环。典型的中型电厂机组设备，其承受冷启动与温启动时的载荷比或承受温启动与热启动时的载荷比，遵循 1.3 倍关系。周期中单一运行循环由启动(升载)–运行–停机(降载)–休眠 4 部分组成(单阶载荷)[44]。

发电机组在运行过程中，高温设备表面所采集的载荷谱如图 4.2 所示。依据机组启动(升载)–运行–停机(降载)–休眠的运行方案，可以将载荷谱简化成 4 个等速拉(压)过程和 4 个保载过程(图 4.3)，也就是所谓的临近工况载荷。启动保载(保载 1)之前的压应变增加过程是机组设备受热启动(升载)过程。在这个过程中，过热蒸汽所带来的热量加热机组设备部件表面(汽轮机转子)，金属导热作用逐渐传向部中心部。此时表面温度高于其心部温度，产生从外向内的径向温差，进而使转子表面承受热压载荷。当受热部件表面与心部的温差达到稳定状态时，则进入启动保载过程(保载 1)。部件继续受热，表面与心部之间的温差逐渐减小，部件表面受到的热压载荷逐渐降低。当温差完全消除时，由温差引起的部件表面热载荷也随之消失(运行保载，保载 2)，设备进入稳定运行阶段。机组停机(降载)过程设备表面由温差引起的受热载荷与启动(升载)过程类似，但由于此过程中设备部件的表面先冷于心部，所以部件表面承受热拉载荷(保载 3)。休眠过程与稳定运行过程相似，由于设备部件表面与心部的温差消失，所以部件表面承受的热载荷为零(保载 4)。整个循环中，4 个保载过程的时间以 0.075∶0.7∶0.15∶0.075 的比例分配，启动引起的热压振幅为停机热拉振幅的 2 倍。

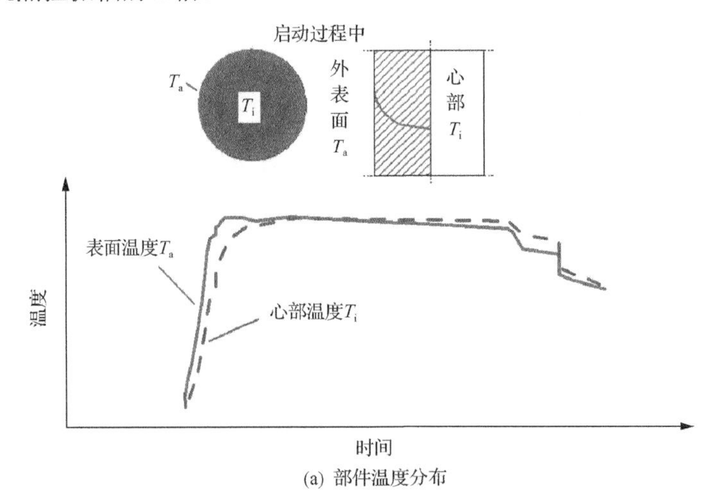

(a) 部件温度分布

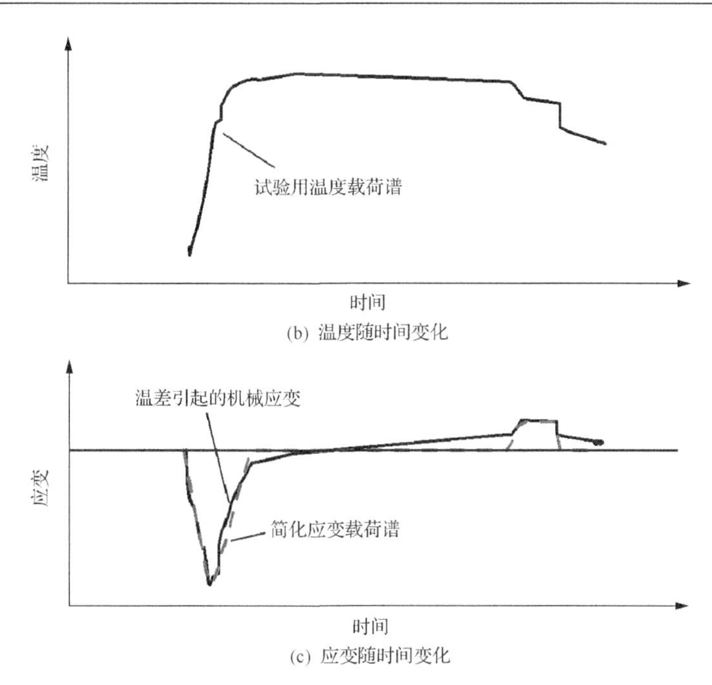

(b) 温度随时间变化

(c) 应变随时间变化

图 4.2　机组部件温差以及所引起的机械应变

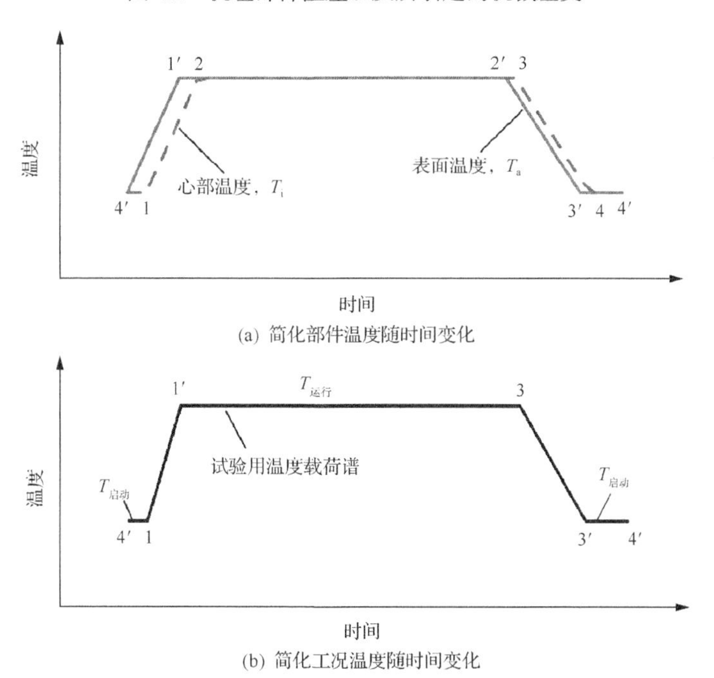

(a) 简化部件温度随时间变化

(b) 简化工况温度随时间变化

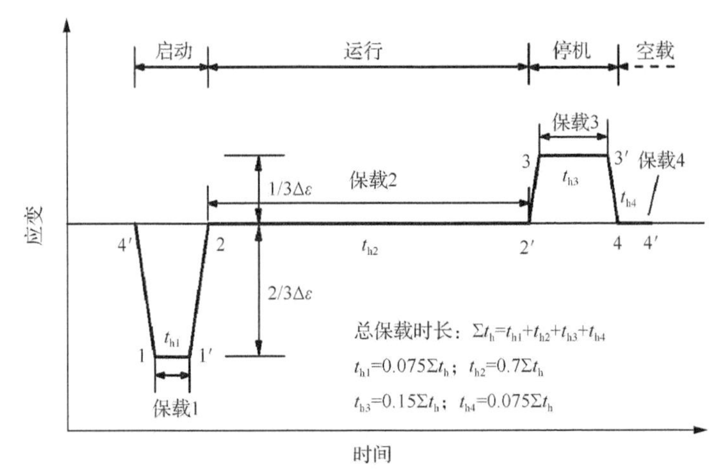

(c) 简化应变随时间变化

图 4.3　单阶临近工况载荷谱

本节主要通过试验研究分析机组在调峰工况下设备用耐热钢的形变特性和损伤机理。特别是通过系统性损伤演变分析，说明热交变载荷下耐热钢寿命大幅降低的机理。

4.1　工况载荷下试验方案与技术

临近工况载荷试验分为恒温和变温(thermomechanical fatigue, TMF)两种环境进行。恒温环境下的临近工况载荷试验实际上是对试验技术的简化。将运行工况下的温度(设备运行最高温度)作为试验温度并保持恒定，然后在此环境下在试样两端加载机械载荷。变温环境下的试验完全模拟机组运行方案，即加载机械载荷的同时环境温度随之改变。

临近工况的恒温载荷试验与标准拉压保载的高温疲劳试验方法类似，将应变保载过程增加为 4 个阶段。变温载荷试验需要同时控制温度和机械两方面载荷。依据 ISO 12111，变温工况下的临近工况试验采用总应变控制的补偿法进行(图 4.4)。侧引申计所控制的总应变 ε_t 是热力应变 ε_{th} 和机械应变 ε_{mech} 之和($\varepsilon_t=\varepsilon_{th}+\varepsilon_{mech}$)。根据热胀冷缩原理，温度的改变会使试样的长度发生改变。机械应变保持预先设定的临近工况机械载荷谱(图 4.3(c))，在 TMF 临近工况试验开启前，首先需要进行温度控制器的优化。当输入的温度值与实测的温度值达到ISO 12111所规定的温差值后，可开始进行试验数据的采集。

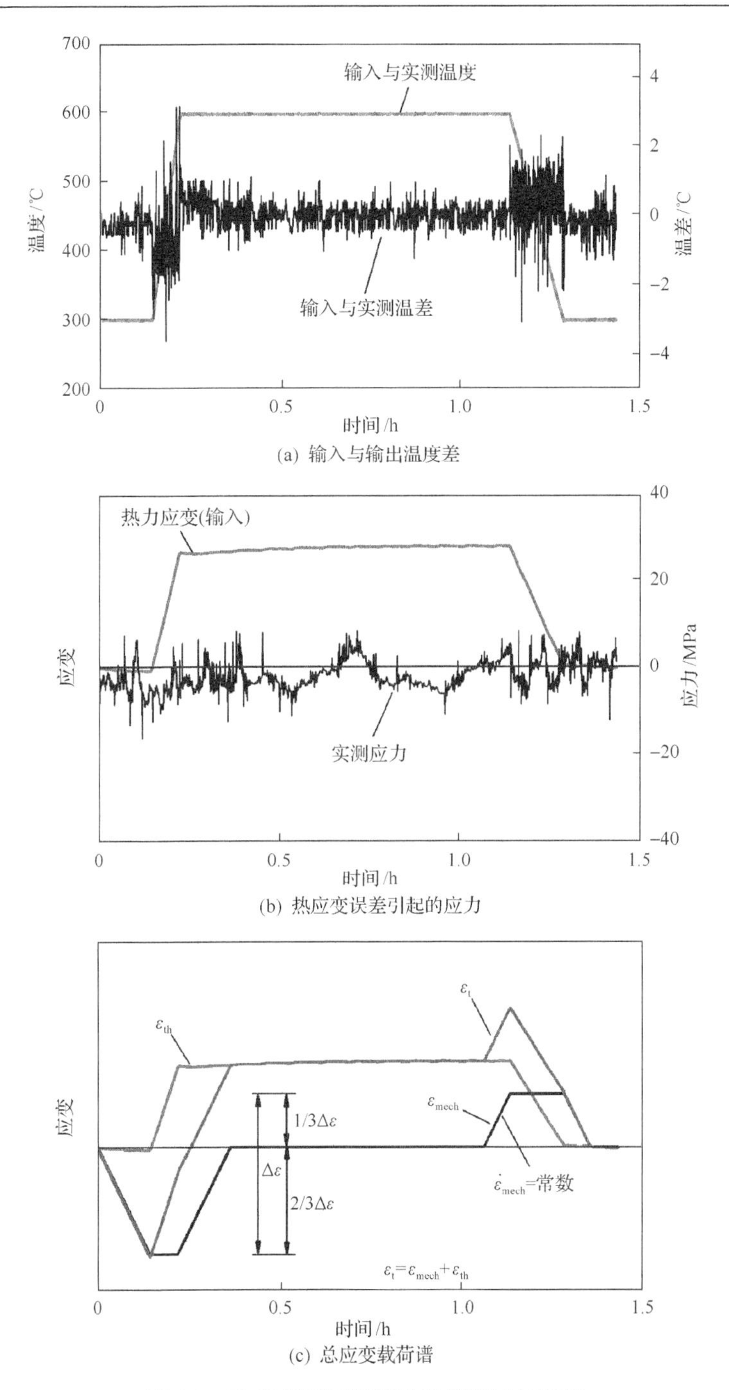

(a) 输入与输出温度差

(b) 热应变误差引起的应力

(c) 总应变载荷谱

图 4.4　TMF 临近工况试验系统测试与设置

将优化好的工况温度谱(T=$T(t)$)作为输入值，进行应力控制下的空载荷循环(图 4.4(a))，与此同时由装载在试样上的侧引伸计采集热力应变 ε_{th}。然后将控制形式调转成应变控制形式，取若干稳定循环热力应变 ε_{th} 的平均值作为输入值，测量试样所产生的应力(图 4.4(b))。当此应力值低于材料在该温度场最高温度下屈服强度的 5%时，可以正式开启总应变 $\varepsilon_t=\varepsilon_{th}+\varepsilon_{mech}$ 控制模式的临近工况试验。载荷工况下的试验温度(图 4.2(b))与机械载荷谱(图 4.2(c))可直接取自机组设备运行时的监控数据，试验结果可以为监控与优化发电机组运行方案提供重要的理论支撑。

试样加热依据加热速率的需求，采用中频感应加热或热电阻加热方式。试样温度的控制和调节通过试样测试区上焊接的热电偶实现。同时采用高精度红外热量测试仪监控试样测试区域的温度分布，以监控试验进行过程中试样测试区温度场分布的稳定性和有效性。

多轴载荷试验不仅可以更确切地分析模拟设备部件(局部)的损伤，也可以验证已建立寿命评估模型的可靠性。多轴载荷试验可以通过在试样上产生非均匀应力分布的方法实现(例如在带缺口的试样上进行(表 4.1)[45, 46])。除此之外，还可以通过在旋转型试样上加载离心力[47]、在薄壁筒试样上加载轴向拉压和扭转载荷，或同时加载轴向拉压和内压载荷等形式进行多轴载荷试验实现[48]。为了更好地研究多轴载荷状态下的蠕变疲劳裂纹萌生特性，近年来更多研究集中于十字形平板试样的双轴测试技术[49-52](图 4.5)。

表 4.1　几种典型多轴载荷试样

多轴载荷试样	载荷	应力分布	裂纹萌生	蠕变疲劳试验特征
缺口试样	拉 拉压	不均匀	局部	
薄壁筒 (P_i)	拉 拉压+内压	均匀**	局部***	复杂的试验安全系统易发生屈曲
薄壁筒	拉 拉压+扭转	均匀**	局部***	易发生屈曲，切应力较高
旋转型试样	离心力	不均匀	局部***	复杂的试验安全系统
十字形试样	双轴拉压*	均匀	表面	不易发生屈曲****

*—载荷比可调节；**—不适用于单晶材料；***—不可(难以)实时观测；****—单晶材料裂纹可能会出现在试验测试区以外。

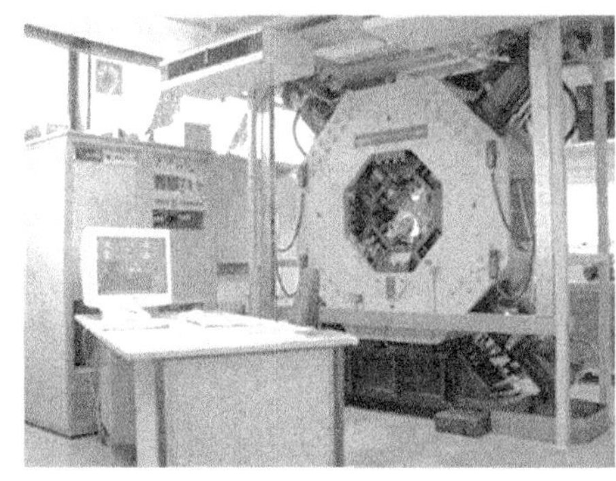

(a) 双轴试验系统

(b) 十字形试样加热与双轴侧引伸计

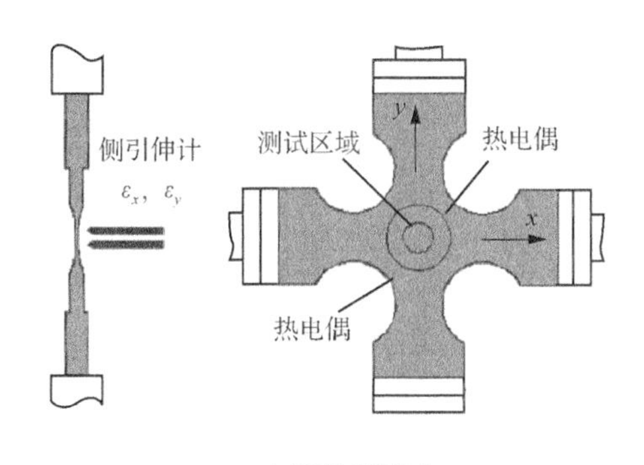

(c) 十字形试样结构

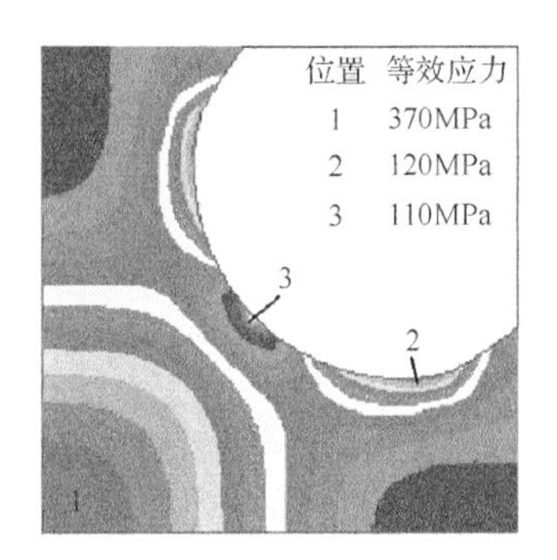

(d) 十字形试样应力分布

图 4.5　双轴载荷试验系统

十字形试样结构的设计和优化以试样测试区域受载时应力的均匀分布为要求(图 4.5(d))，并借助有限元分析手段实现。试样的加热通过安装在一侧的螺旋形电磁感应线圈实现。试样的另外一侧安装了双向正交侧引伸计，用以调节与和控制测试区的应变。两向应变拉伸比 $\Phi=\varepsilon_x/\varepsilon_y$ 在交变载荷试验中可在$-1<\Phi<1$ 范围内调节。应变控制的双轴变温临近工况载荷试验与单轴的试验步骤类似，两个方向的总应变值在控制系统中分别输入。

最后在圆柱缺口试样上进行了恒定温度下三阶临近工况载荷试验，并将其作为分析机组分别在冷启动、温启动和热启动循环的三阶周期系列载荷工况下设备结构不连续处局部损伤特征分析的基础。在圆柱缺口试样上进行的临近工况载荷试验所使用的试样结构如图 4.6 所示。试验在最大载荷能力±100kN 的万能试验机上进行。试样的加热采用三区域电加热炉。缺口试样轴向位移通过安装在试样缺口两侧的环形引伸计测量，如图 4.6(a)中 A 字母所指示的位置。

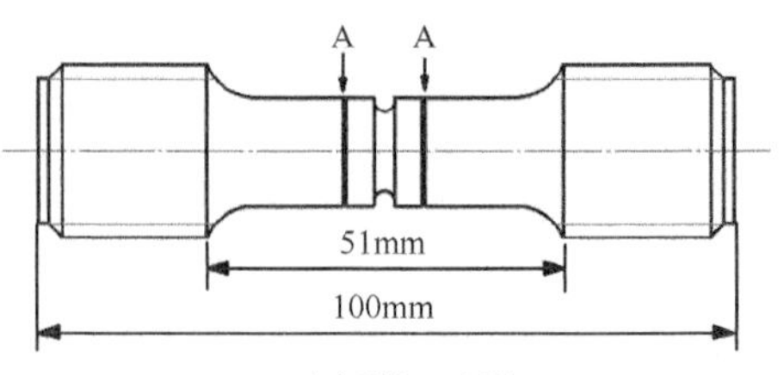

(a) 圆形缺口试样

(b) 热电偶安装

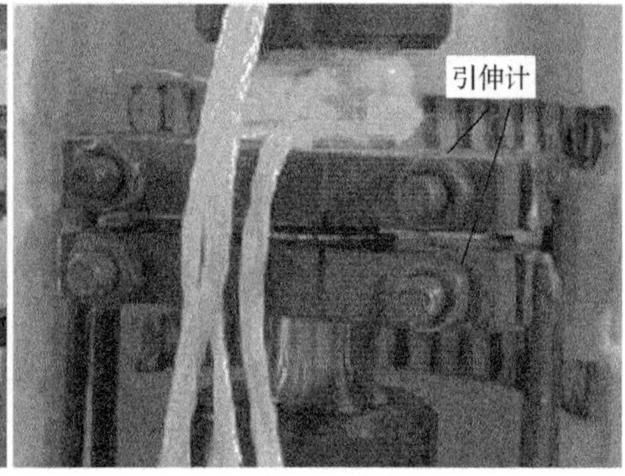

(c) 引伸计安装

图 4.6 缺口试样试验装置

4.2 单轴工况载荷下的蠕变疲劳特性

单轴工况载荷下的试验，一方面可以验证测试系统和测试技术的稳定性以便进行更加复杂载荷的试验，如恒温和 TMF 多轴工况载荷、快慢应变速率下的工况载荷试验，同时其试验结果也作为分析这些复杂试验结果的参考基础；另一方面试验数据可用于评估材料模型的可靠性。

依照单轴单阶和单轴三阶工况载荷谱(图 4.1 和图 4.3)进行的试验结果如图 4.7 所示，其中三阶工况在图中以热启动振幅表示。部分长时恒温工况载荷试验采用较经济的模块化测试方法实现。模块化试验方法是将具有 4 个保载过程的工况载荷替换成拉压 2 个保载过程的蠕变疲劳载荷阶段和 2 个应力等级的恒定载荷阶段。具体的试验技术和方法以及该试验方法的可靠性分析详见文献[44]。相对于标准拉压无保载情况，单阶恒温工况载荷下的寿命有明显的缩短，然而保载时长的差异对寿命的影响较小(图 4.7(a))。在保载总时长为 3.2h 的单阶恒温工况载荷下的寿命，仅略低于含有拉压分别保载 3min

或者 20min 的寿命(详见第 3 章)。同样，保载总时长为 10h 的单阶恒温工况载荷下的寿命并没有比保载总时长为 3.2h 的寿命明显缩短。三阶恒温工况载荷下的寿命相对于单阶恒温下的寿命有明显的缩短(图 4.7(b))，且应变加载速率的下降会使寿命进一步缩短。总之与单阶恒温工况相同，总保载时长的差异对寿命没有明显的影响。

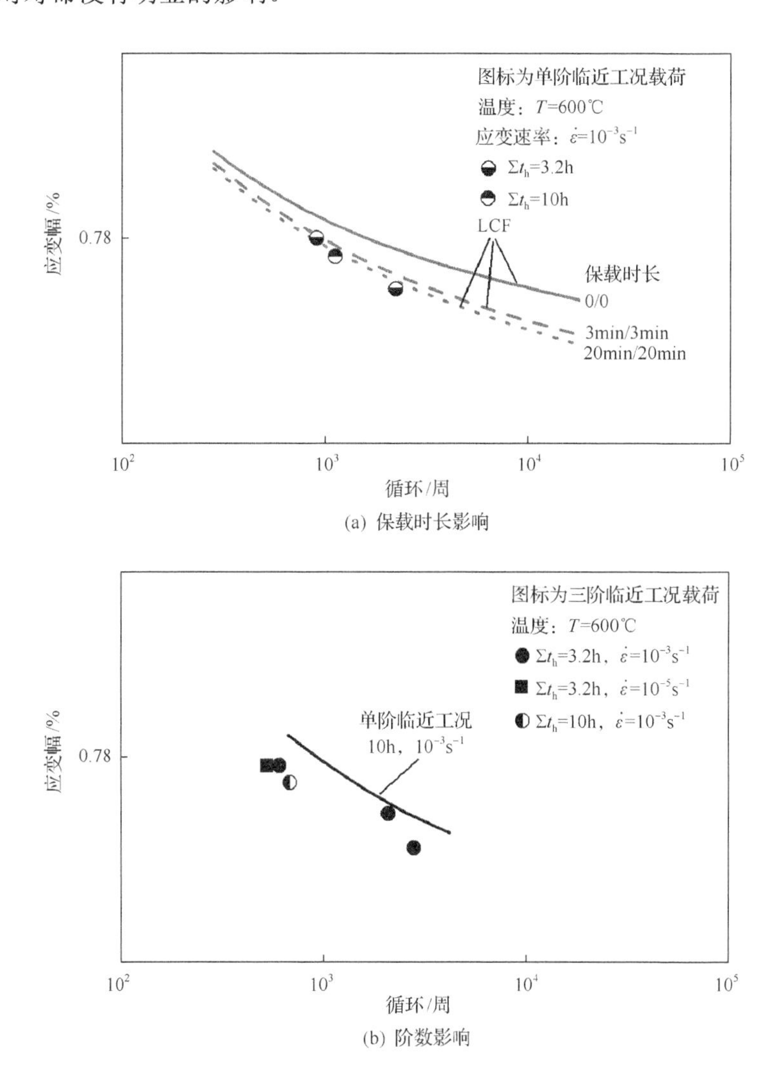

(a) 保载时长影响

(b) 阶数影响

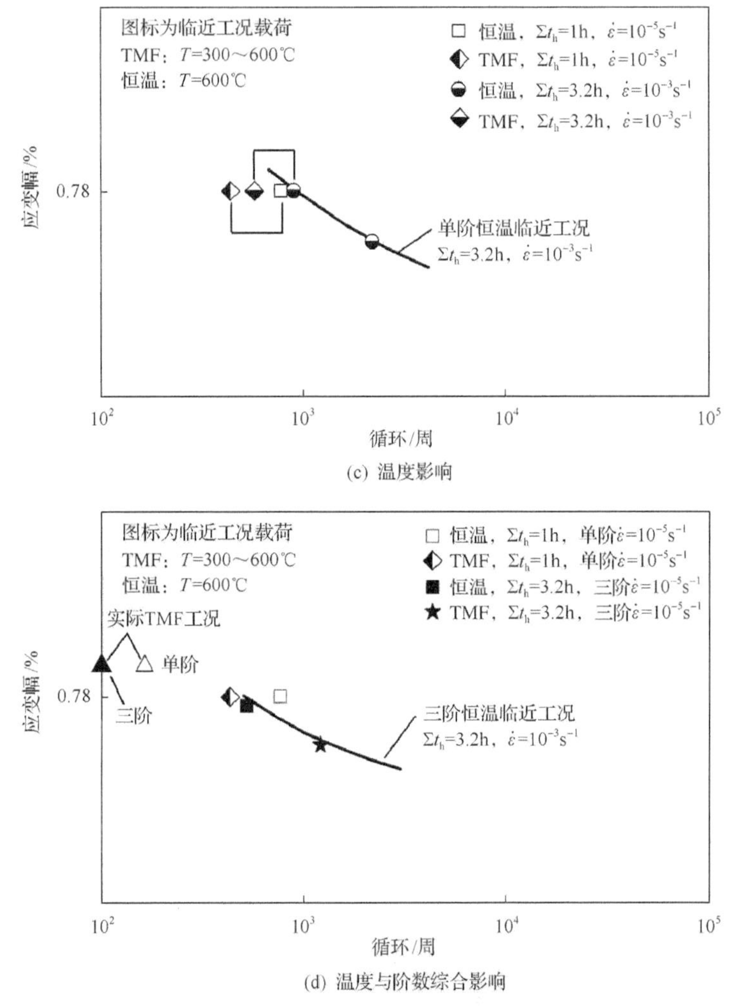

(c) 温度影响

(d) 温度与阶数综合影响

图 4.7 单轴临近工况载荷循环寿命(材料：10Cr)

图中图标为试验值，曲线为拟合值

由于调峰职责机组的启停越加频繁，TMF 载荷对机组设备寿命的影响是当前先进电厂设备研究的重点之一。试验研究按组划分，每组试验分别在两个试样上进行。在相同的机械载荷条件下，一个试样加载周期性温度(TMF)载荷，另一个试样加载恒定高服役温度。为提高试验数据的准确性，减少试验误差且增强试验数据的直接可比性，每组试验均在同一台疲劳试验机上进行。另外为了避免热处理带来的差异，试样均取于设备的同一区域。对比和分析试验结果可以看出，在相同的机械载荷下，先进电厂设备用 10Cr 钢的

TMF 寿命比恒温寿命缩短约 20%(图 4.7(c))。更加贴近运行工况下的三阶载荷和慢应变速率会进一步的缩短 10Cr 钢的寿命(图 4.7(d))。总体的来看，先进电厂设备高压区所域用马氏体 12Cr 钢和 10Cr 钢在 TMF 载荷下的寿命小于在恒定温度(高服役温度)疲劳蠕变载荷下的寿命(图 4.8(a))，而机组低压区用 2Cr 钢的 TMF 寿命与恒温寿命则没有明显差异[53]。对于含 Cr 较少的 1Cr 钢，它的 TMF 寿命却稍大于恒温寿命。由此可见，虽然周期性温度载荷的平均温度远小于高服役温度，但是周期性温度载荷却加速超超临界机组 9%～12%Cr 钢的失效。随着耐热钢含铬量的升高，其抗 TMF 载荷的能力降低。除此之外，温变速率也是影响 TMF 寿命的一个因素[5]，如图 4.8(b)所示。图中三阶工况载荷的温变速率取冷启动、温启动和热启动的加权平均值。在相同的机械应变幅下，温变速率高的试样，其 TMF 寿命相对于恒温寿命缩短的幅度大，如图 4.8(b)空心方块所示。在相同的温变速率下，机械应变大的试样，其

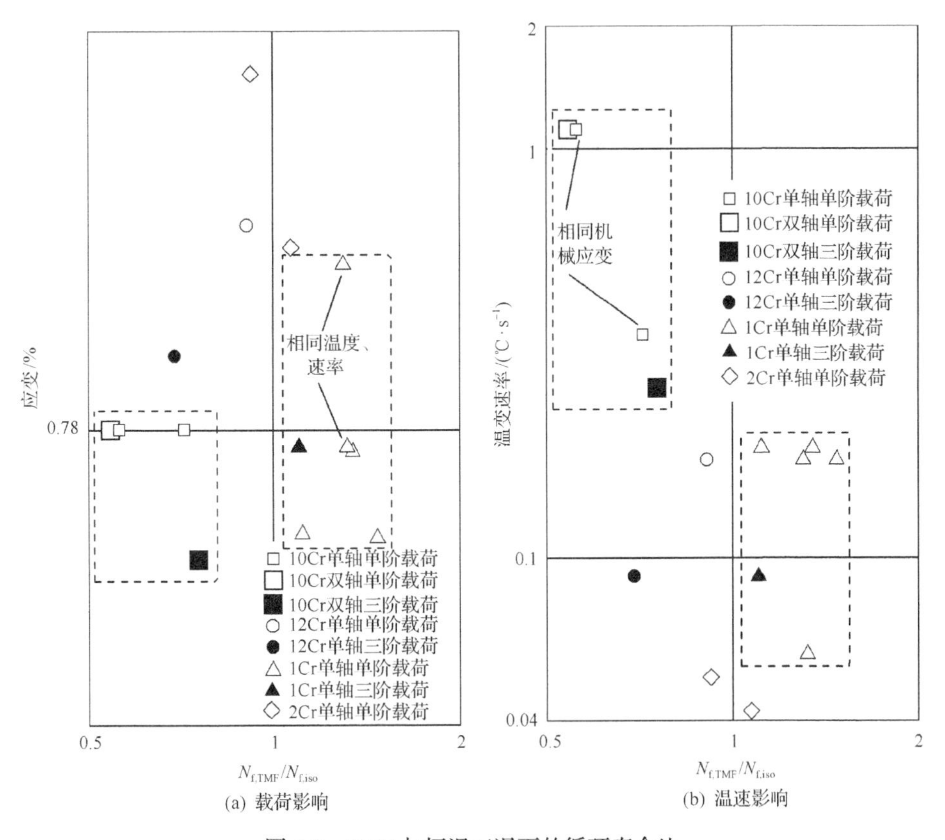

图 4.8　TMF 与恒温工况下的循环寿命比

TMF 载荷对寿命的影响较大，如图 4.8(a) 中空心三角所示。在具有相同最高服役温度的前提下，随着温差幅度的增大(即启动温度的降低)，循环平均温度降低，TMF 疲劳寿命也缩短(图 4.8(b))。这里需要指出，10Cr 钢和 2Cr 钢的试验是在当前非常先进的 TMF 测试系统上进行的，数据的离散性小、精准度高，温度载荷对寿命的影响规律明显。而 1Cr 钢和 12Cr 钢的数据获取较早，数据离散性相对较大，但也具有相同的趋势。

总之，在比较 TMF 和恒温载荷下的寿命时发现，温度的交变会影响到机组设备钢的强度。虽然 TMF 工况下的平均载荷温度低于恒温载荷下的温度，但随着 Cr 含量的增高，TMF 载荷下材料的寿命同比恒温载荷下的寿命也有所降低。在对调峰电厂机组启动方案的设计与优化中，需要考虑温度交变以及温变速率对寿命的影响，这项工作已经逐渐在相关的研究中展开。

将 10Cr 钢在单阶 TMF 工况载荷下的力学性能与恒温载荷下的力学性能作对比，如图 4.9 所示。图中实线和虚线分别表示 TMF 载荷和恒温载荷下的温度–时间、机械应变–时间、应力–时间及应力–机械应变关系曲线，其中图 4.9(c) 和图 4.9(e) 的曲线是在第一个周期(N=1)时采集的，图 4.9(d) 和图 4.9(f) 曲线是在寿命一半(N=0.5N_f)时采集的。TMF 载荷下设备启动温度较低(T=300℃)，此时由于材料具有较大的弹性模量，从而引起较大的压应力。启动保载(保载 1)过程中，温度逐渐升高至运行温度，材料弹性模量随之降低，应力会从这个已达到的高水平值(图 4.9 中点 1)开始松弛下降。TMF 载荷下应力松弛结束时达到的水平值，与在相同的时间内恒温载荷下(保持运行温度不变)应力松弛下降所达到的水平值相当(图 4.9 中点 1′)。因此，此过程中 TMF 载荷下的应力松弛下降幅度比恒温载荷时的幅度要大。运行保载(保载 2)过程中，无论在 TMF 载荷下还是恒温载荷下，环境温度均保持不变，因此两者在此过程中的应力松弛是相同的(图 4.9 中点 2)。停机保载(保载 3)过程中，温度由运行温度(T=600℃)回归到停机温度(T=300℃)，材料弹性模量会随之升高。在这个过程中，TMF 载荷的应力与恒温载荷下的应力从几乎相同的水平值开始松弛下降(图 4.10)。TMF 载荷下由于材料弹性模量的升高，应力随时间先下降再升高，而恒温载荷下的应力会持续松弛下降。

材料的塑性形变，即应力为零时应力应变迟滞环的宽度，无论是在第一个循环(N = 1)还是在寿命一半时(N = 0.5N_f)，在上述应变较大的情况下没有明显的差异。从应力方面来讲，TMF 载荷下的应力比恒温载荷下的应力高 2 倍，尤其是在启动保载过程中。由于这里启动温度 T=300℃，材料处于发生蠕变损伤的过渡区，因此引起损伤的机理将借助金相分析和有限元分析作进一步讨论。

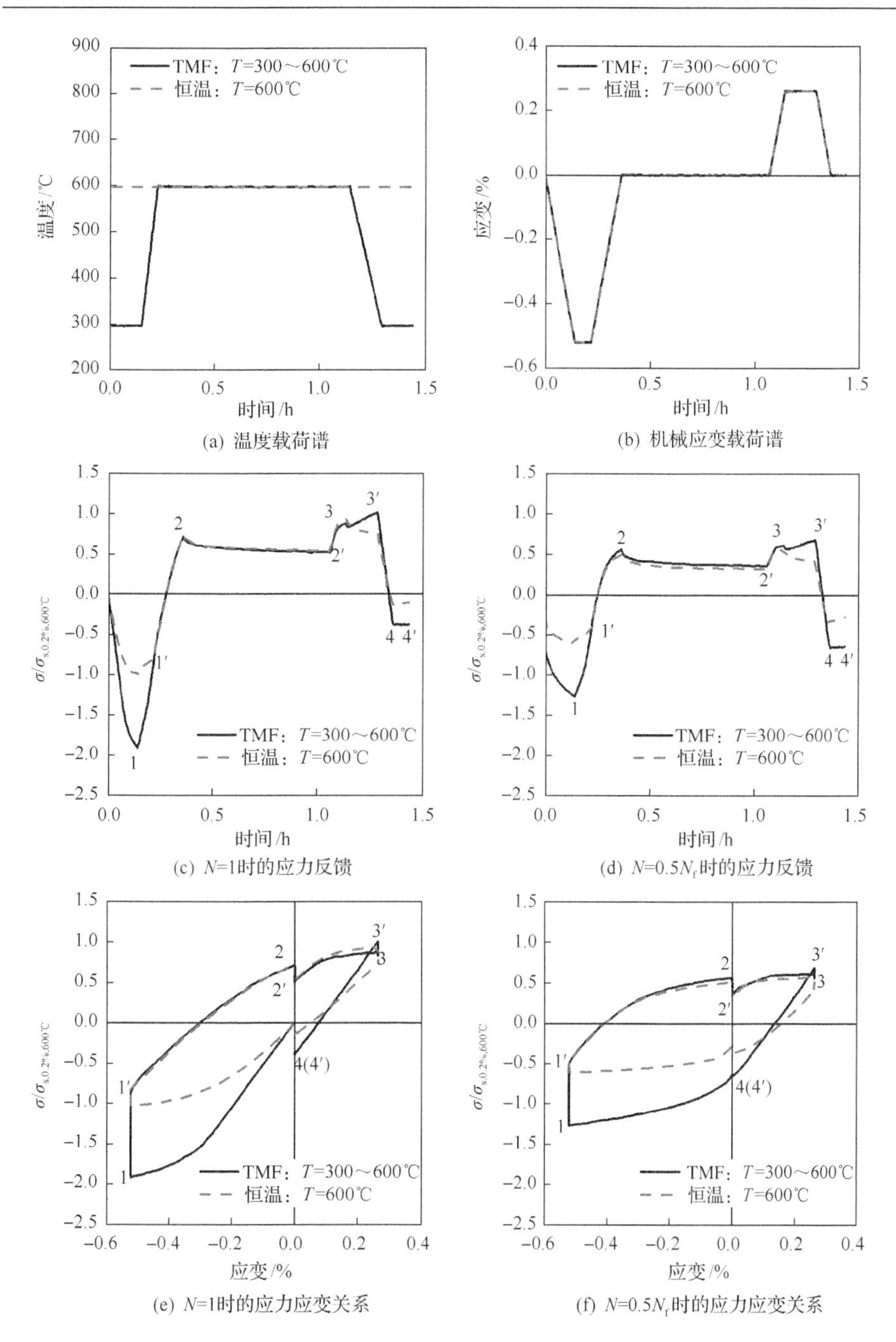

图 4.9　单轴单阶 TMF 与恒温临近工况

材料：10Cr；应变幅：$\Delta\varepsilon=0.78\%$；应变速率：$\dot{\varepsilon}=10^{-5}\text{s}^{-1}$；保载时长：$\Sigma t_\text{h}=1\text{h}$

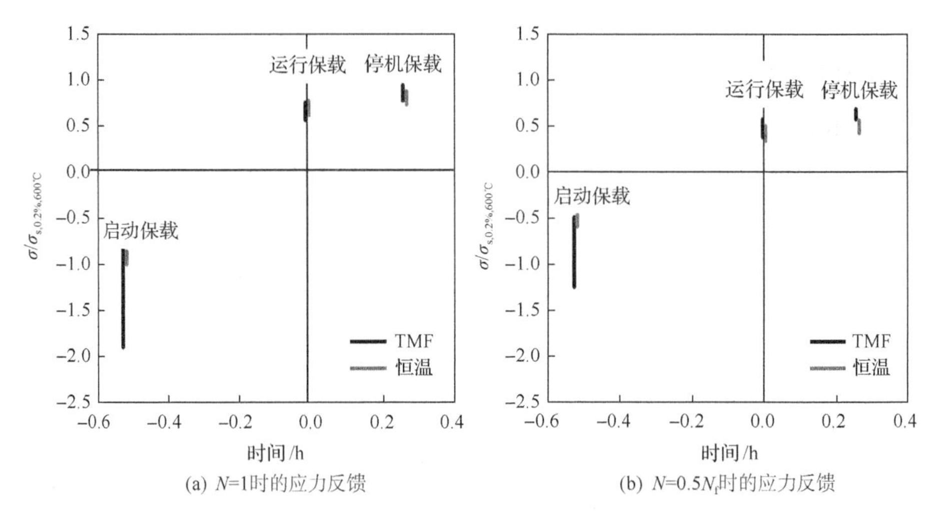

(a) N=1时的应力反馈 (b) N=0.5N_f时的应力反馈

图 4.10 单轴单阶 TMF 与恒温临近工况下的应力松弛(材料：10Cr)
应变幅：$\Delta\varepsilon$=0.78%；应变速率：$\dot{\varepsilon}=10^{-5}s^{-1}$；保载时长：$\sum t_h=1h$

临近工况三阶 TMF 载荷谱的设计是为了试验测试中实现热力电厂机组典型启动工况下不同载荷水平对设备损伤的影响，因此该载荷谱下材料的力学性能试验是最接近大型设备受热表面运行工况时承载过程的模拟试验。试样加载包含 1 个冷启动循环、3 个热启动循环和 16 个热启动循环的复杂温度–时间过程以及相应的机械应变–时间过程载荷谱，其结果如图 4.11 所示。图 4.11(c)和图 4.11(d)显示了如图 4.11(a)的环境载荷谱和图 4.11(b)的机械载荷谱下第一个循环(N=1)和寿命一半($N=0.5N_f$)时试样的应力反馈结果。比较图 4.11(e)和图 4.11(f)展示的冷启动迟滞环(C)与第二个热启动迟滞环(W2)以及此三阶载荷系列中间热启动迟滞环(H2.4)，可以明显看出不同的机械应变幅值对塑性形变的作用关系。启动过程中的应力松弛随着压应变幅的增大而增大，这与松弛起始值(图 4.11(e)中点 1)有关；而这 3 种工况下启动结束时的应力值(应力松弛结束值)没有明显的差异，且与压应变的幅值的大小没有关系。总之，在启动保载过程中，由于温度升高而引起弹性模量的下降会促使应力松弛幅度增大。在停机保载过程中，应力随时间的变化过程与启动保载过程中完全不同，应力一方面随时间松弛下降，另一方面还会因为环境温度下降引起材料弹性模型的升高而升高，这两部分叠加将呈现出如图 4.11 所示的先下降后升高走势。TMF 载荷下的材料塑性形变随着循环累加而增大，在对比 N=1 时的迟滞环(图 4.11(e))和 $N=0.5N_f$时的迟滞环时(图 4.11(f))就可清晰地发现。在恒定最高温度的运行保载过程中(T=600℃)，应力松弛在第

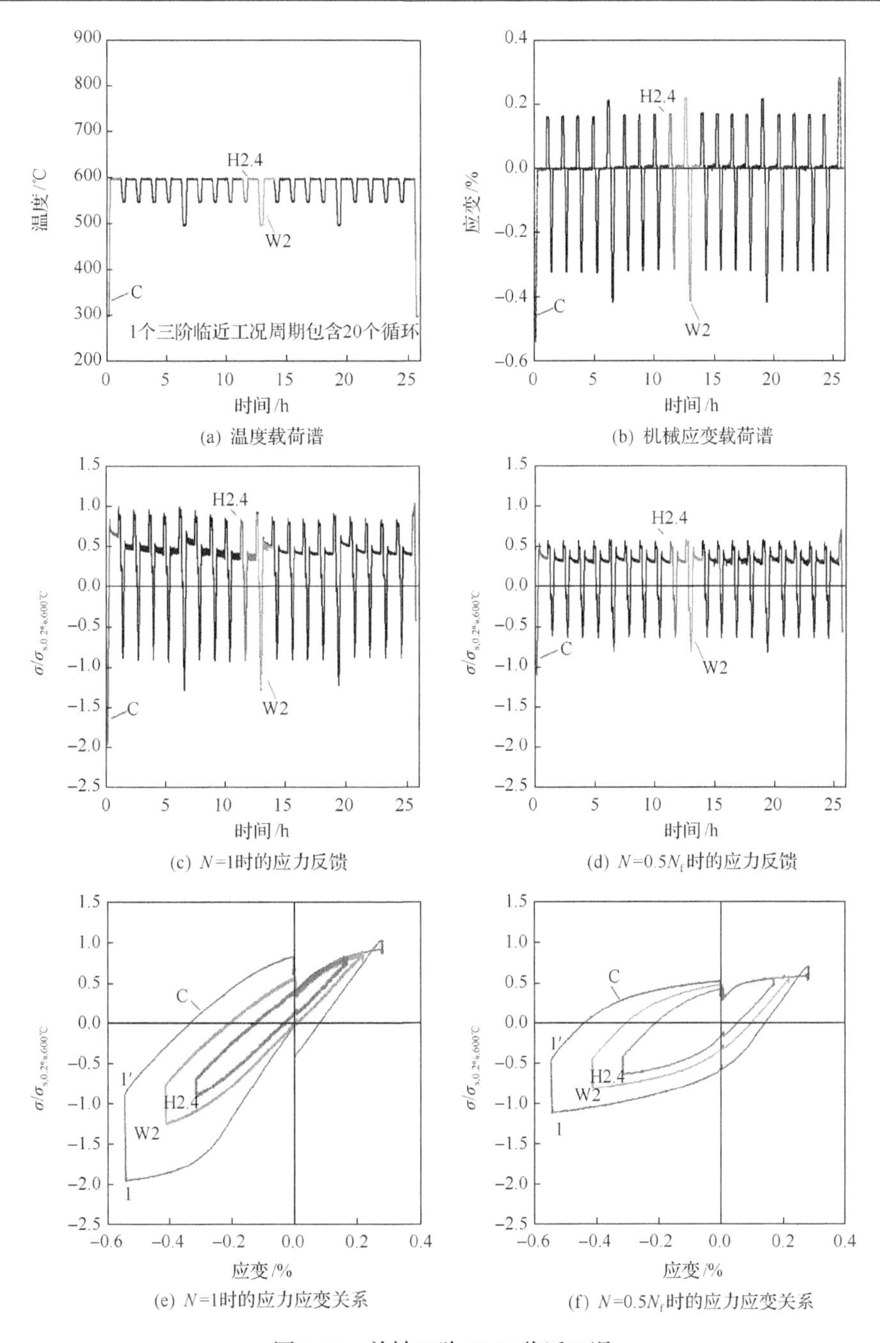

图 4.11　单轴三阶 TMF 临近工况

材料：10Cr；温度：$T=600$℃；应变速率：$\dot{\varepsilon}=10^{-5}\mathrm{s}^{-1}$；载荷类型：三阶临近工况载荷

一个寿命循环(N=1)时的起始值与所给定的压应变幅值有关(图 4.12(a))。随着循环寿命的累积增加，3 种启动工况下应力松弛起始值的差异会逐渐减小(图 4.12(b))。这一现象与所测试材料的循环软化特征以及蠕变疲劳交互作用有关。

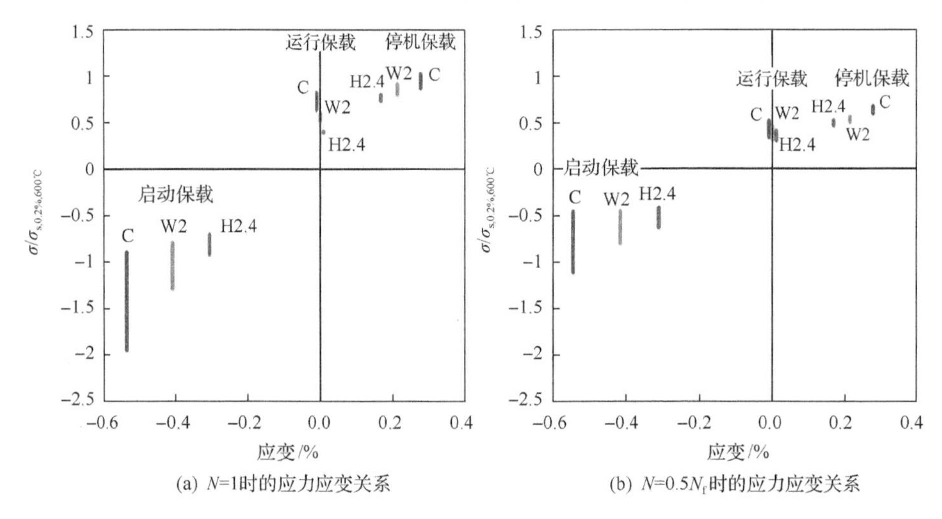

图 4.12　单轴三阶 TMF 临近工况下应力松弛

材料：10Cr；应变速率：$\dot{\varepsilon}=10^{-5}\ s^{-1}$

与上述包含 4 个典型保载阶段的临近工况载荷不同，单轴实际 TMF 启停工况下的载荷谱取于设备运行时的随机监控数据。该载荷下的试验是监控设备安全运行、优化调峰电厂启停方案等十分重要的理论依据，试验目的是使机组设备的损伤在所要求的启停时间内尽可能的达到最小。依据启停温度的不同，实际工况载荷谱也分为单阶(单一启动工况)和三阶(即冷启动、温启动和热启动 3 种工况混合)。由于机组运行时间较长，可将载荷过程分成启停阶段和运行阶段两部分考虑。实际 TMF 启停工况下的载荷谱包括运行启动和停机 2 个阶段，通过高温疲劳试验系统模拟。机组在运行阶段的载荷通过蠕变试验系统模拟，其损伤通过蠕变试验结果进行分析评估。将 2Cr 钢在实际 TMF 启停工况下的力学性能与在恒温载荷下的力学性能进行对比[53]，如图 4.13 所示。图中实线和虚线分别表示 TMF 载荷和恒温载荷下的温度–时间、机械应变–时间、应力–时间以及应力–机械应变关系曲线，其中，图 4.13(c)和图 4.13(e)的曲线是在第一个周期(N=1)时采集的，图 4.13(d)和图 4.13(f)曲线是在寿命一半($N=0.5N_f$)时采集的。TMF 载荷下设备启动温度较低(T=200℃)，相对于恒定最高运行温度(T=565℃)，试样此时受到较大的压应力(图 4.13 实线)。在 TMF 和恒温温度接近(相同)的时间段内，两种工况下的应力值基本相同。

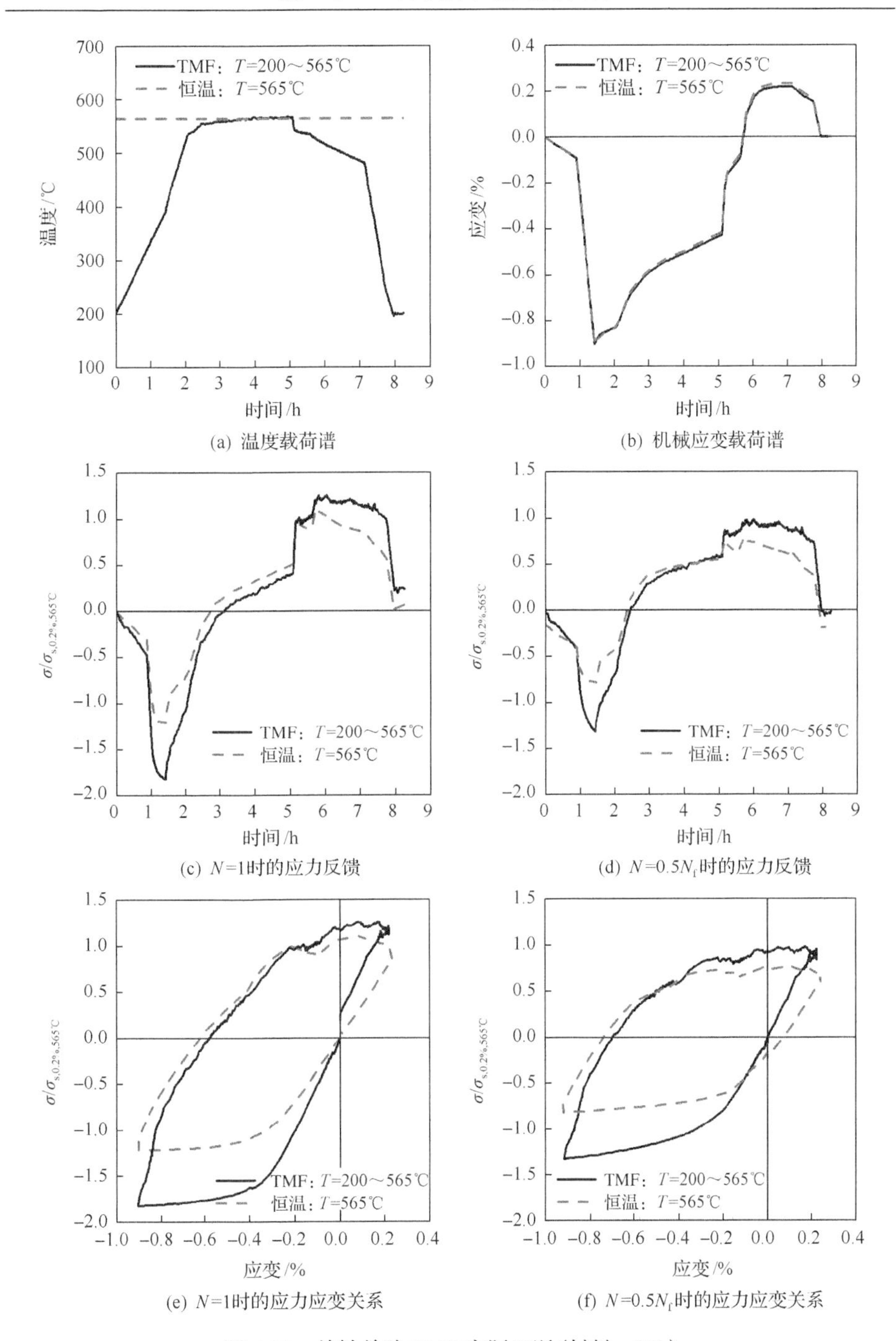

图 4.13　单轴单阶 TMF 实际工况(材料：2Cr)

随着循环的进行，TMF 载荷下的压应力松弛下降的幅度比恒温载荷下的应力要大。在寿命一半时($N=0.5N_f$)，两压应力值的差异比试验开始时(N=1)的压应力的差异有明显的减小(实线与虚线间距离)。

如果进一步缩短启停机时长，以上述启动过程中 TMF 温度载荷谱为基础，在应变载荷谱保持不变的前提下(图4.14(b))，将其中M点温度做如图4.14(a)中的 3 种改变[54]。方案 2(T= 500℃)和方案 3(T=550℃)是将温度先快速升温到接近临近工况温度，方案 1(T=255℃)是将温度先慢速上升至 225℃，然后再快速升到运行温度。整个 TMF 循环过程中，方案 1 的平均温度低于原始循环温度，方案 2 和方案 3 的平均温度高于原始循环的平均温度。当点 M 的温度低于原始工况时的温度时，所产生的变形能(应力应变围成的面积)因温度的降低而增大。寿命结果如图4.14(i)所示，相对于原始共工况温度载荷(图4.13(a)和图 4.13(b))随着点 M 温度的升高，试样寿命增长(这里约为 17%)；随着点 M 温度的降低，试样寿命缩短(这里约为 14%)。同理，当点 M 的温度高于原始工况时的温度时，所产生的变形能会因温度的升高而降低，且随着温度增幅的增高而降低(图 4.14(c)～图 4.14(h))。与此同时，应力应变所产生的变形能随着循环软化作用逐渐降低，且与原始工况下的差异也会随之减小。因此可以推断，温度交变的 TMF 载荷下，试样寿命随载荷循环平均温度的降低而缩短，随载荷平均温度的升高而增长。

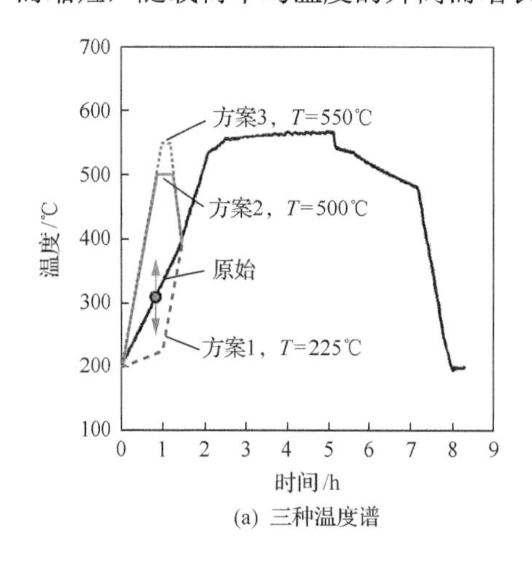

(a) 三种温度谱

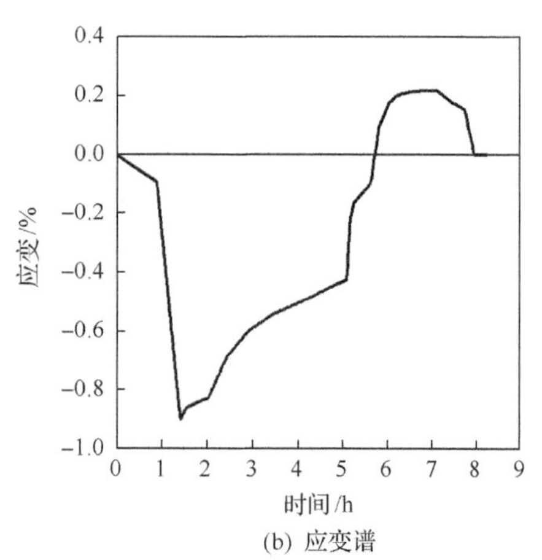

(b) 应变谱

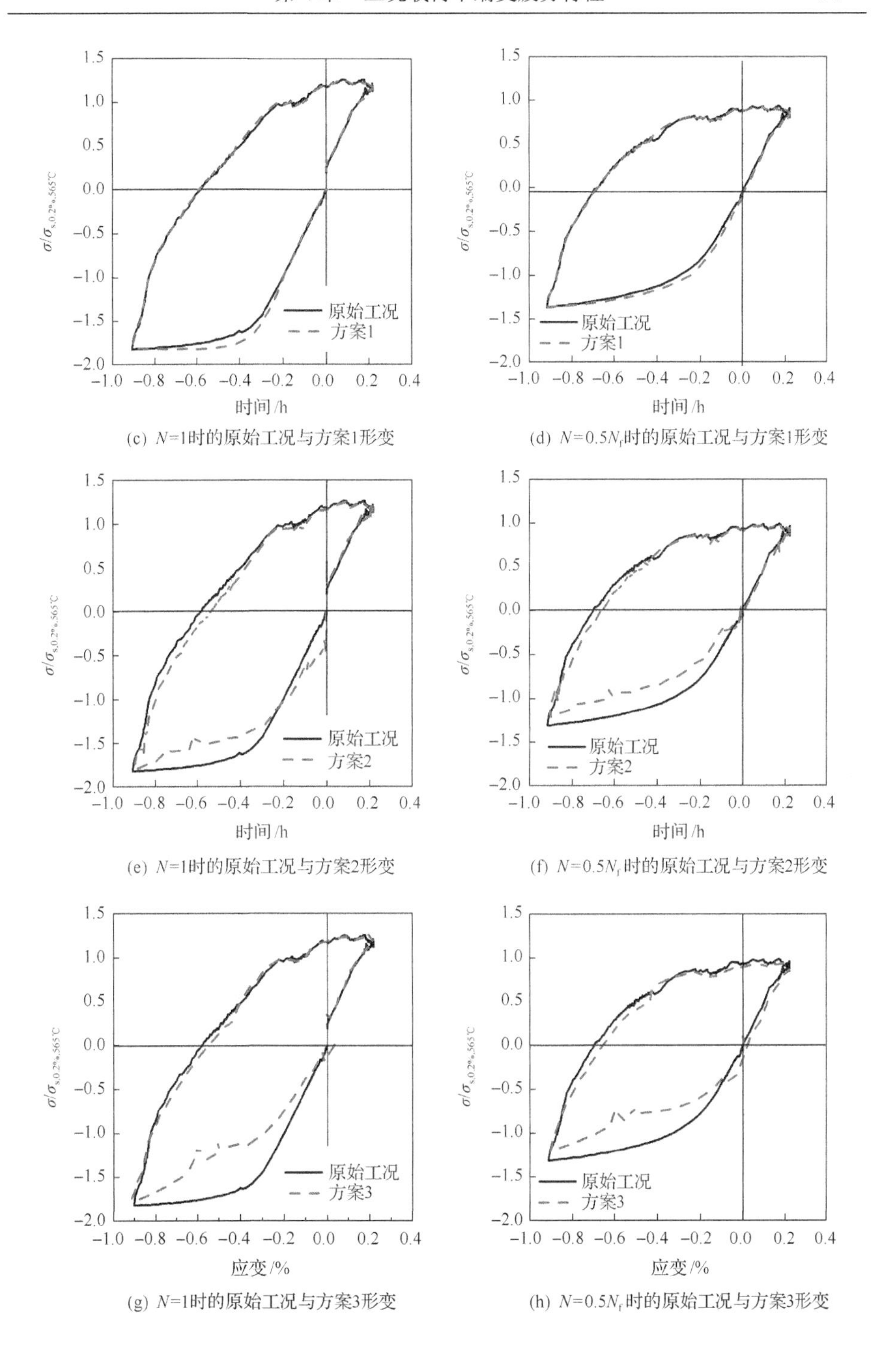

(c) N=1时的原始工况与方案1形变　(d) $N=0.5N_f$时的原始工况与方案1形变

(e) N=1时的原始工况与方案2形变　(f) $N=0.5N_f$时的原始工况与方案2形变

(g) N=1时的原始工况与方案3形变　(h) $N=0.5N_f$时的原始工况与方案3形变

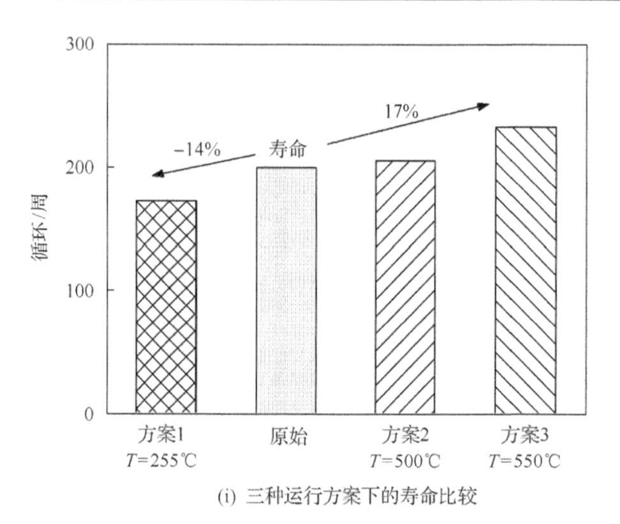

(i) 三种运行方案下的寿命比较

图 4.14　TMF 实际工况启动方案优化(材料：2Cr)

$\sigma_{s,0.2\%,565℃}$—565℃下塑性应变为 0.2%的屈服强度，余同

4.3　双轴工况载荷下的蠕变疲劳特性

机组设备材料在双轴工况载荷下的蠕变损伤特性，是在单轴载荷工况研究分析之上，兼顾考虑多轴载荷效应的影响，更进一步地贴近机组设备实际损伤情况的性能。由于建立双轴载荷的十字形试样结构十分复杂，试样中心测试区域的应力分布只能借助有限元分析方法获得，因此直接采用双轴试验运行过程中采集的加载力来确定十字形试样的裂纹萌生寿命。与单轴低周疲劳试验类似，双轴载荷试验进行到试样表面出现肉眼可视裂纹时结束，其裂纹萌生寿命以某一方向(x 方向或 y 方向)的受力峰值与低周期循环次数呈线性关系后，平均受力峰值非线性下降 1.5%(依据 ISO 2106)时的周期 N_f (图 3.2)为准。

双轴试验中的双向应变比 $\Phi_\varepsilon = \varepsilon_x/\varepsilon_y$ 反应材料在非对称载荷下的多轴载荷效应以模拟机组设备运行时的载荷状态。如图 4.15(a)所示，随着双轴载荷关系从 $\Phi_\varepsilon = -1$ 至 $\Phi_\varepsilon=1$ 的递增，设备材料的蠕变疲劳寿命基本呈比例缩短；同时随着保载时间的增长以及应变幅的增大，寿命会随之缩短[49, 50]。这个比例关系还可以广泛应用到更小的双轴关系情况下，例如 $\Phi_\varepsilon=0$、$\Phi_\varepsilon= -0.3$(单轴弹性变形)、$\Phi_\varepsilon= -0.5$(单轴塑性变形)和 $\Phi_\varepsilon= -1$(纯剪切)。相对于单轴载荷，多轴载荷一方面会进一步影响设备部件材料的寿命(图 4.15(b))，另一方面其试验结果趋于保守。

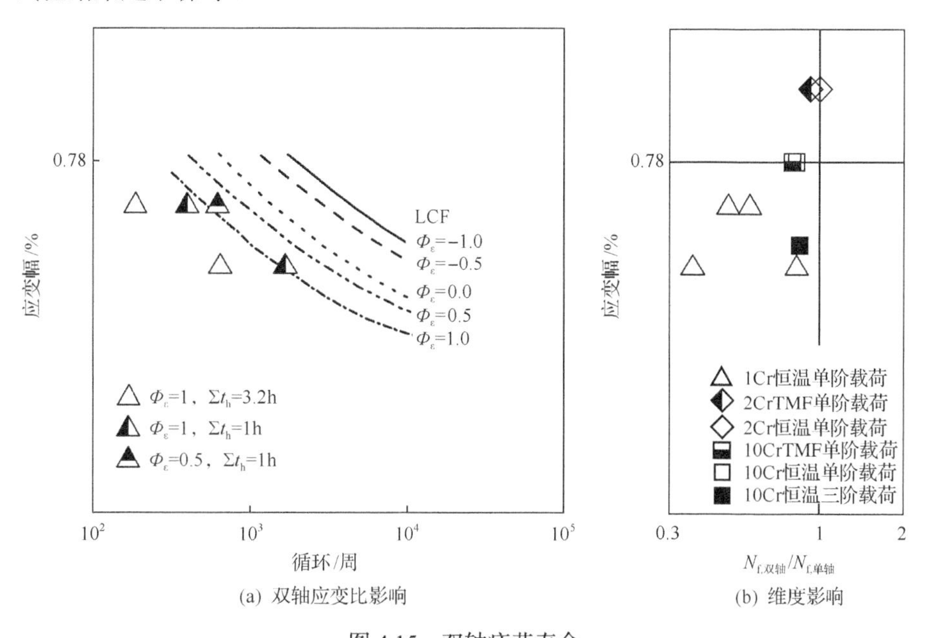

图 4.15　双轴疲劳寿命

材料：1Cr；温度：T=525℃；应变速率：$\dot{\varepsilon}=10^{-3}\text{s}^{-1}$；图中图标代表试验值，曲线代表拟合值

某一恒定应变比 $\varPhi_\varepsilon$ 的双轴工况单阶和三阶以及 TMF 和恒温载荷下的试验矩阵由 4 个试验组成，此外还需 4 个单轴试验作为双轴效应的参照基础。其中，最为复杂的是双轴三阶 TMF 临近工况载荷试验，它不仅模拟了实际运行方案中的三种典型启动工况，而且还模拟了设备在运行方案下的多轴载荷效应。

综合考虑温度、应变速率、载荷形式和保载时间以及双轴效应影响的试验结果如图 4.16 所示。在高应变速率作用下，双轴效应对寿命的影响最为明显(图 4.16(a))。无论是在启动温度(T=300℃)还是在运行温度(T=600℃)下，双轴载荷下的寿命呈现明显的缩短。在高应变速率($\dot{\varepsilon}=10^{-3}1/\text{s}$)下，双轴载荷寿命比单轴载荷寿命缩短了约 50%，然而在低应变速率下($\dot{\varepsilon}=10^{-5}1/\text{s}$)寿命却没有明显的差别(图 4.16(b))。这是因为试样在以低应变速率缓慢的拉伸过程中，由于蠕变作用的增强，作用在试样上的应力会降低。在邻近工况双轴恒温(T=600℃)下的寿命比同环境三角形拉压载荷下的寿命短(图 4.16(c))。例如在温度 T=600℃、应变速率 $\dot{\varepsilon}=10^{-5}1/\text{s}$ 和总保载时间 Σt_h=1h 的临近工况双轴恒温试验，由于 1h 保载过程中产生了蠕变损伤，它们的寿命值比同样环境温度和应变速率下的三角形拉压载荷试验寿命缩短了大约 60%。而在含有 80% 热启动循环的三阶临近工况恒温载荷下的裂纹萌生寿命比同环境下仅有单纯热启动循环的寿命短。与单轴临近工况下类似，在机械载荷完全相同的双轴临近载荷工况下(图 4.4)，虽然恒温环境下的温度为材料承载的最高运行温度，但温度交变的 TMF 环境会使设备材料寿命缩短(图 4.16(d))，并且 TMF 载荷下寿命缩短的幅度与温变速度有关(图 4.9(b))。双轴 TMF 载荷环境下与恒温载荷环境下裂纹萌生寿命特性与单轴工况类似。

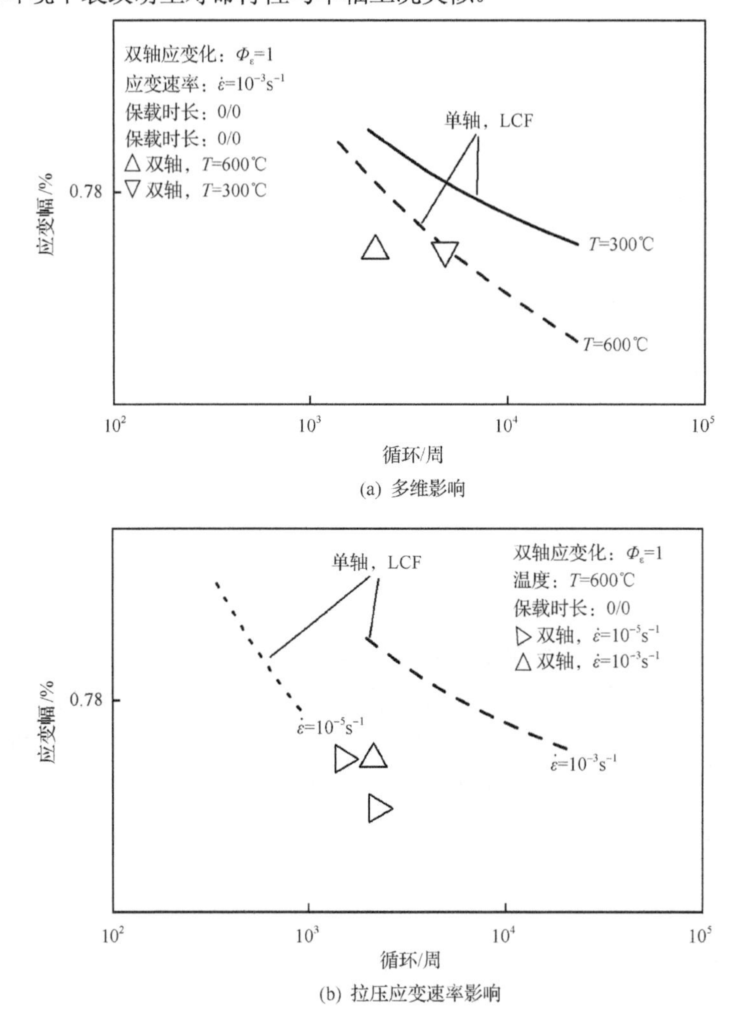

(a) 多维影响

(b) 拉压应变速率影响

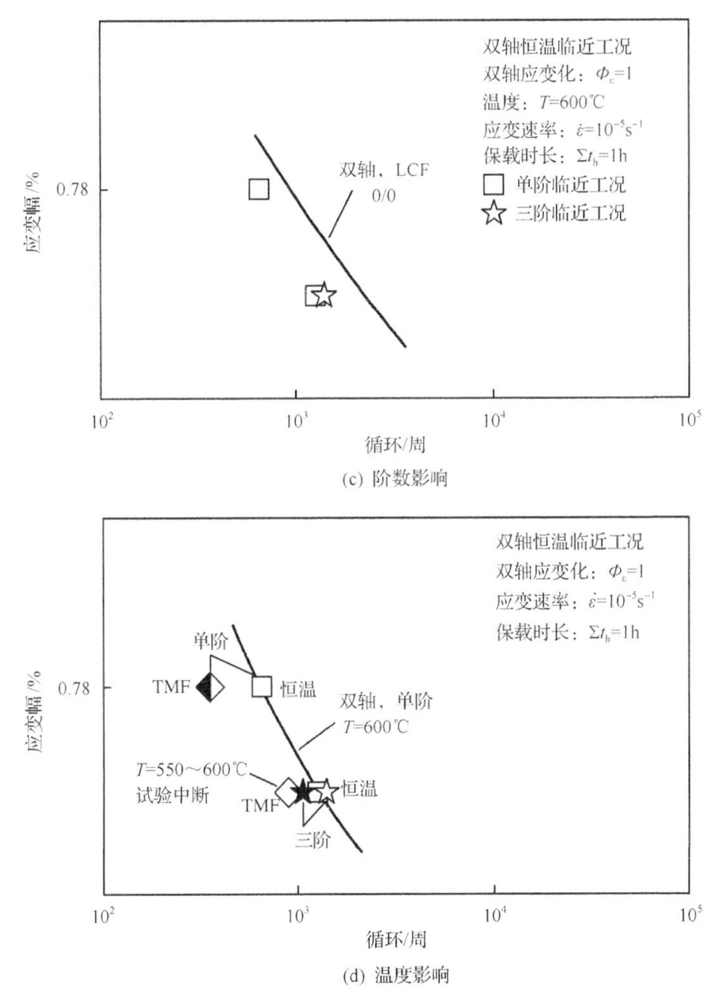

图 4.16　双轴临近工况载荷疲劳寿命特性(材料：10Cr)
图中图标为试验值，曲线为拟合值

双轴临近工况 TMF 载荷与恒温载荷下的温度、应变、加载力随时间变化的关系，以及在加载初期 $N=1$ 和寿命中期 $N=0.5N_f$ 时的加载力与应变之间的关系如图 4.17 和图 4.18 所示。由于测试材料具有各向同性特征，同时试验在双轴应变关系为 $\Phi_\varepsilon=1$ 的情况下进行，因此图中只显示一个方向的数值。其中，机械应变及叠加的温度随时间变化的关系为试验输入值(图 4.17(a)和图 4.17(b))，力随时间的变化关系为上述载荷下材料的反馈。由于十字形试样测试区域的应力难以确定，因此图中加载力 F 的数值为试验机在第一个循环 $N=1$ 和寿命

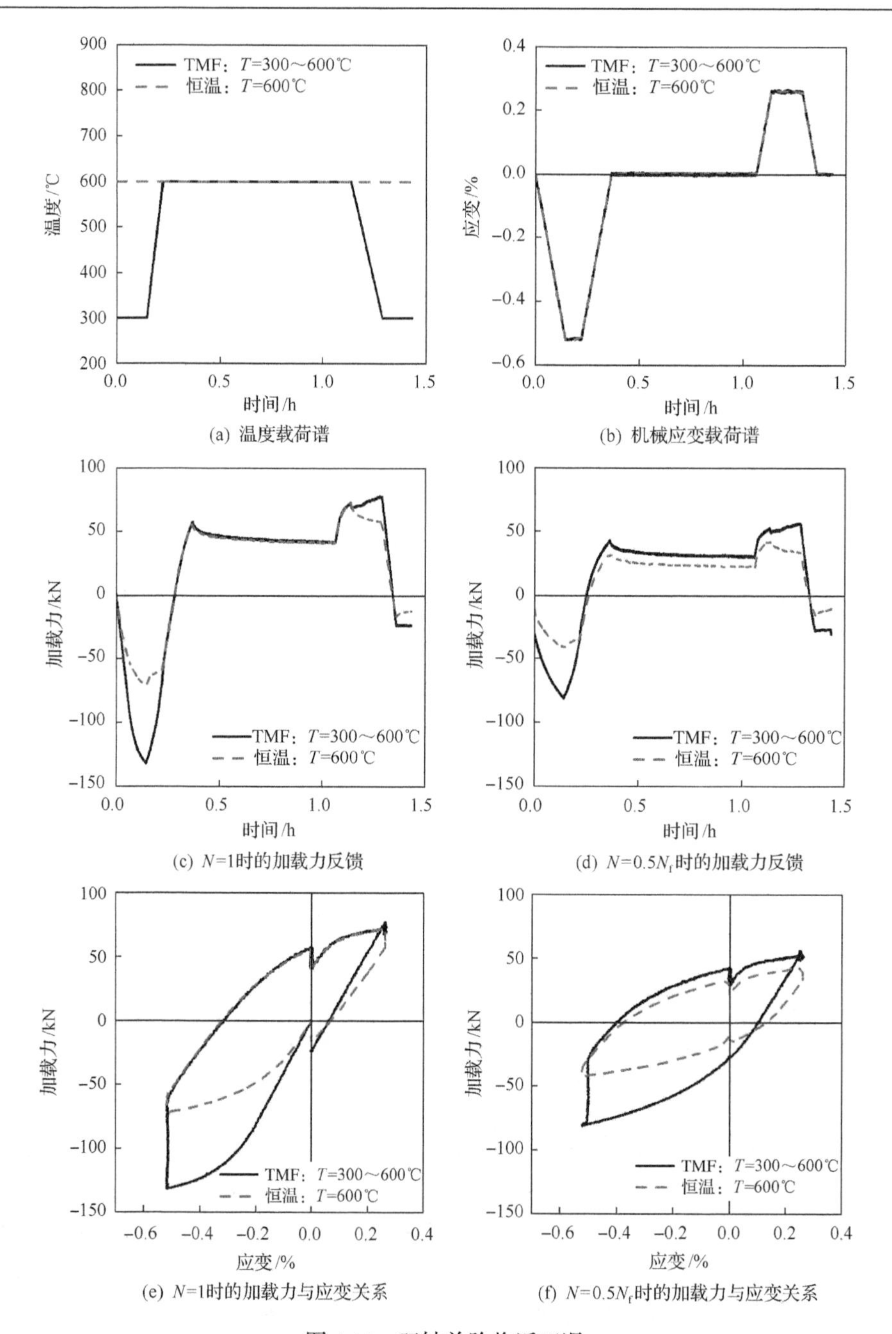

图 4.17　双轴单阶临近工况

材料：10Cr；双轴临近工况，双轴应变比：Φ_ε=1；应变幅：$\Delta\varepsilon_x$=$\Delta\varepsilon_y$=0.78%；保载时长：$\Sigma t_h = 1\text{h}$；应变速率：$\dot{\varepsilon} = 10^{-5}\text{s}^{-1}$

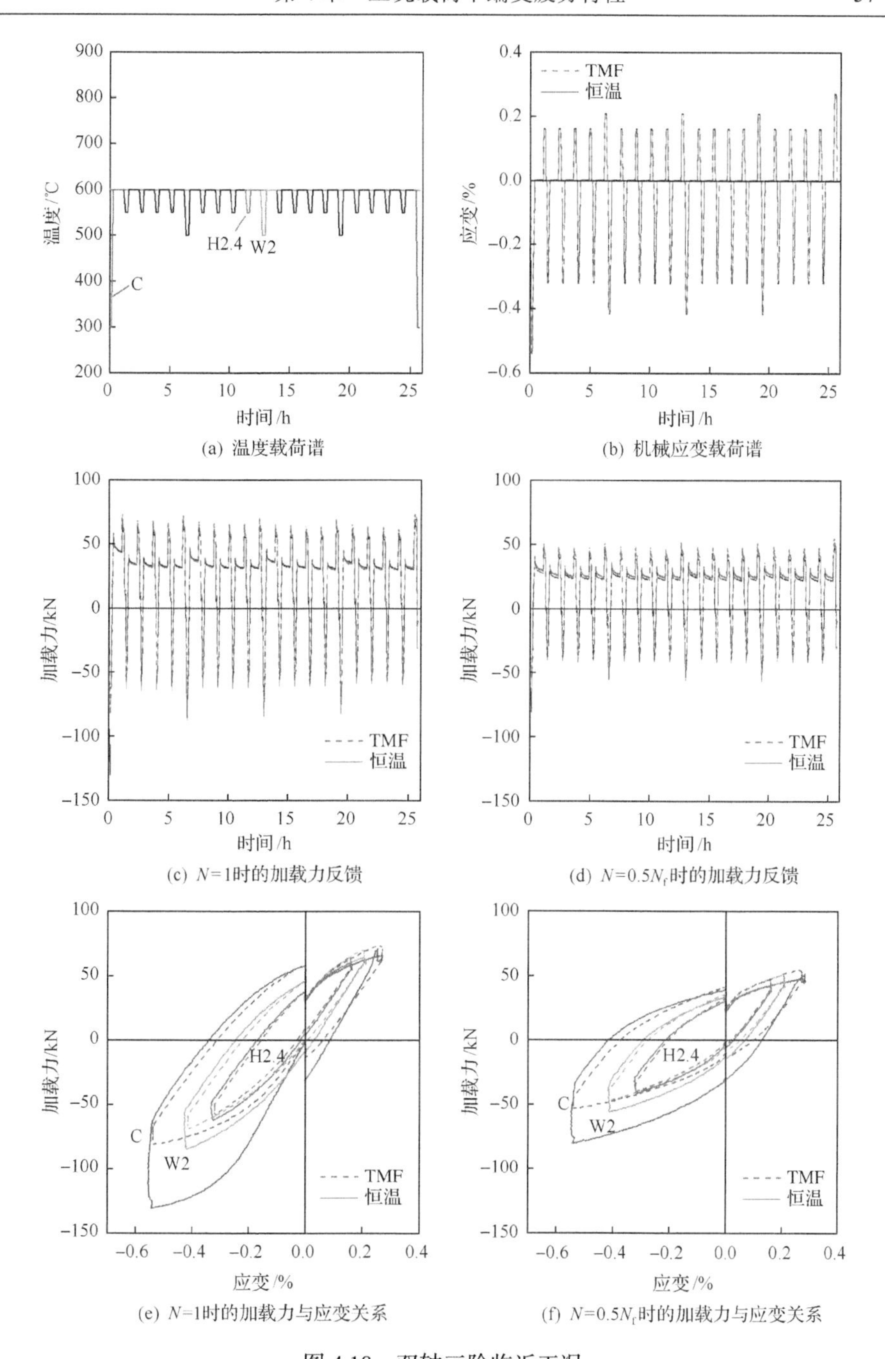

图 4.18　双轴三阶临近工况

材料：10Cr；双轴三阶临近工况，双轴应变比：Φ_ε=1；保载时长：Σt_h = 1h ；应变速率：$\dot{\varepsilon}$ =$10^{-5}s^{-1}$

一半 $N=0.5N_f$ 时力传感器直接测量获取。启动保载过程中，由于 TMF 工况下弹性模量随温度的升高而降低，因此，TMF 工况下力的松弛比恒温工况下要大。停机保载过程中，由于 TMF 工况下弹性模量随温度的降低而升高，因此，TMF 工况下力随时间呈先下降后升高的趋势。图 4.18 所示为三阶临近工况下 TMF 工况与恒温工况的比较。在保载过程中，TMF 工况下力松弛下降与恒温工况的差异随着温差及应变幅的降低而减小。

4.4　缺口处的蠕变疲劳特性

机组设备缺口处多轴载荷分布状态的典型模拟是通过在缺口试样上进行临近工况载荷谱试验实现的。试验采用轴向加载力控制的形式，加载力的大小由所给定的缺口截面上的平均应力与试样平行段截面积得出。加载力的速度依据应变控制试验的应变速率换算得出。图 4.19(a)所示的加载力速率等效于应变速率 $\dot{\varepsilon}=10^{-5}\text{s}^{-1}$。在该载荷下，由引伸计加载在圆形缺口试样上所测得的轴向变形量 Δl 如图 4.19(b)所示。

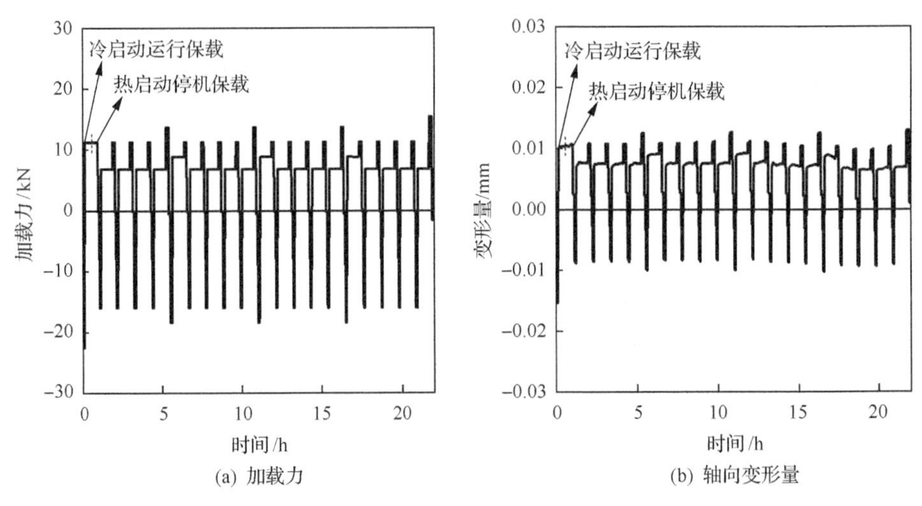

(a) 加载力　　(b) 轴向变形量

图 4.19　力控制形式的临近工况

材料：10Cr；温度：$T=600$℃

临近工况载荷形式如图 4.19(a)所示，包含冷启动、温启动和热启动循环，其中每一个分循环均包含启动、运行、停机和空载 4 个保载过程。图 4.19 中的加载力载荷谱中每个分循环的总保载时间为 1h，冷启动循环运行保载过程与随后热启动循环的停机保载过程偶然性的重合。图 4.19(b)所示为这个载荷谱下所采集的轴向变形量–时间关系。这个关系反映了试验具有很好可重现性，并且很小的轴向位移(约±9μm)能够很好地反映实际工况下设备的形变状态。图4.20为试样轴向变形量极值与循环数的关系。可以明显看出，由于拉压载荷不对称，在轴向变形量极值保持幅值不变的前提下，上下极限值随循环数的增加向受压方向(坐标负方向)偏移。当平均应力值高于材料在此温度下的屈服强度时，轴向变形量极值偏移会随循环持续快速下降直到肉眼可见裂纹出现(图 4.20(a)和(b))。这一现象可通过该材料具有的循环软化特性解释。当平均应力值与材料在此温度下的屈服强度相当时，轴向变形量极值会

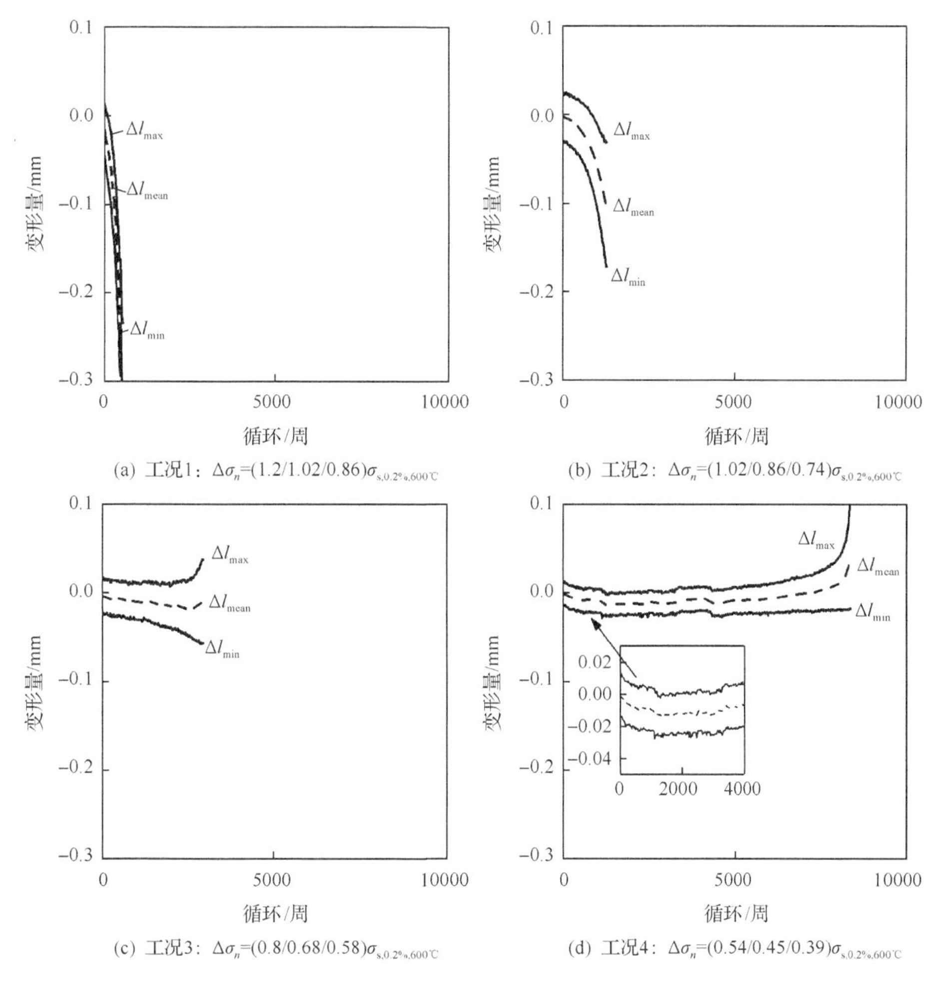

(a) 工况1：$\Delta\sigma_n=(1.2/1.02/0.86)\sigma_{s,0.2\%,600℃}$

(b) 工况2：$\Delta\sigma_n=(1.02/0.86/0.74)\sigma_{s,0.2\%,600℃}$

(c) 工况3：$\Delta\sigma_n=(0.8/0.68/0.58)\sigma_{s,0.2\%,600℃}$

(d) 工况4：$\Delta\sigma_n=(0.54/0.45/0.39)\sigma_{s,0.2\%,600℃}$

图 4.20 实测圆形缺口试样轴向变形量

材料：10Cr；温度：$T=600℃$；保载时长：$\Sigma t_h=1h$

随循环缓慢下降，直到宏观裂纹逐渐形成时，轴向变形量上下极值的幅值开始非线性增大(图 4.20(c))。当平均应力值低于材料在此温度下的屈服强度时，轴向变形量极值会随循环缓慢下降到大约 2000 周时，然后在保持上下极限幅值不变的前提下向拉载荷方向回转。随着材料内部从微观裂纹到宏观裂纹形成的损伤累积过程，上下极限间幅值也将发生非线性增长，直到肉眼可见的裂纹出现(图 4.20(d))。

缺口试样的裂纹萌生寿命借助不可逆形变功 W 与循环数 N 之间的关系确定(图 4.21)。以工况 1 为例，随着试验的进行，循环迟滞环的宽度以及塑性形变持续增大(图 4.21(a)～(d))。不可逆形变功 W 与循环数 N 之间呈非线性增长–线性增长–非线性快速增长的关系，线性增长大约占总试验时长的 3/4，随后的非线性增长速度是之前非线性增长速度的 10 倍以上(图 4.21(e))。因此假定不可逆形变功 W 与循环数 N 之间的线性关系结束时，即非线性增长关系开始时，认为径向裂纹深度为零($a = 0$)。如果径向起裂后裂纹长度 a 随不可逆功 W 之间呈线性增长关系(图 4.21(f))，则裂纹深度 a=0.5mm 时的循环周期数为缺口试样的裂纹萌生寿命 N_f(图 4.21(e))。例如在缺口试样的三阶临近工况载荷试验中，径向裂纹深度为 0 时所对应的不可逆功为 0.05J。试验结束时测得的平均径向裂纹深度为 3.5mm，此时与之相对应的不可逆形变功为 0.7J。那么径向裂纹深度 $a = 0.5$mm 时，通过线性内插法得到不可逆功 W= 0.14J 所对应的循环数 7600 即为裂纹萌生寿命 N_f。

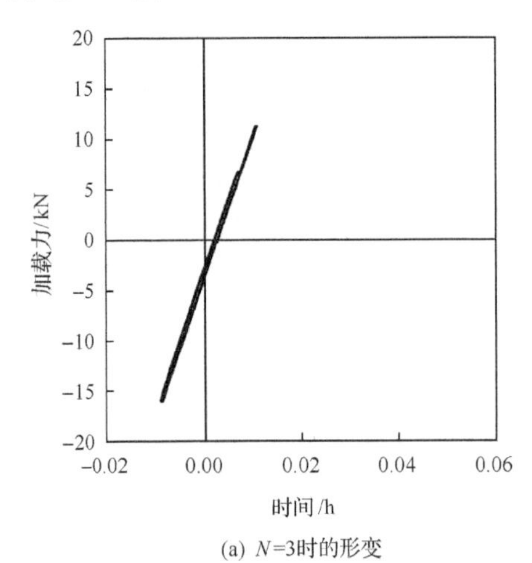

(a) N=3时的形变

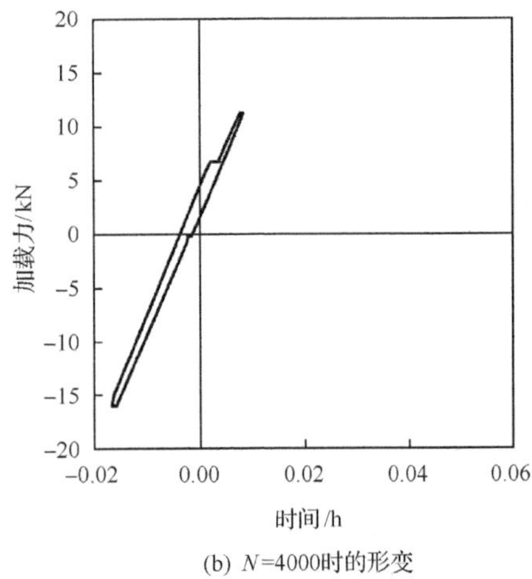

(b) N=4000时的形变

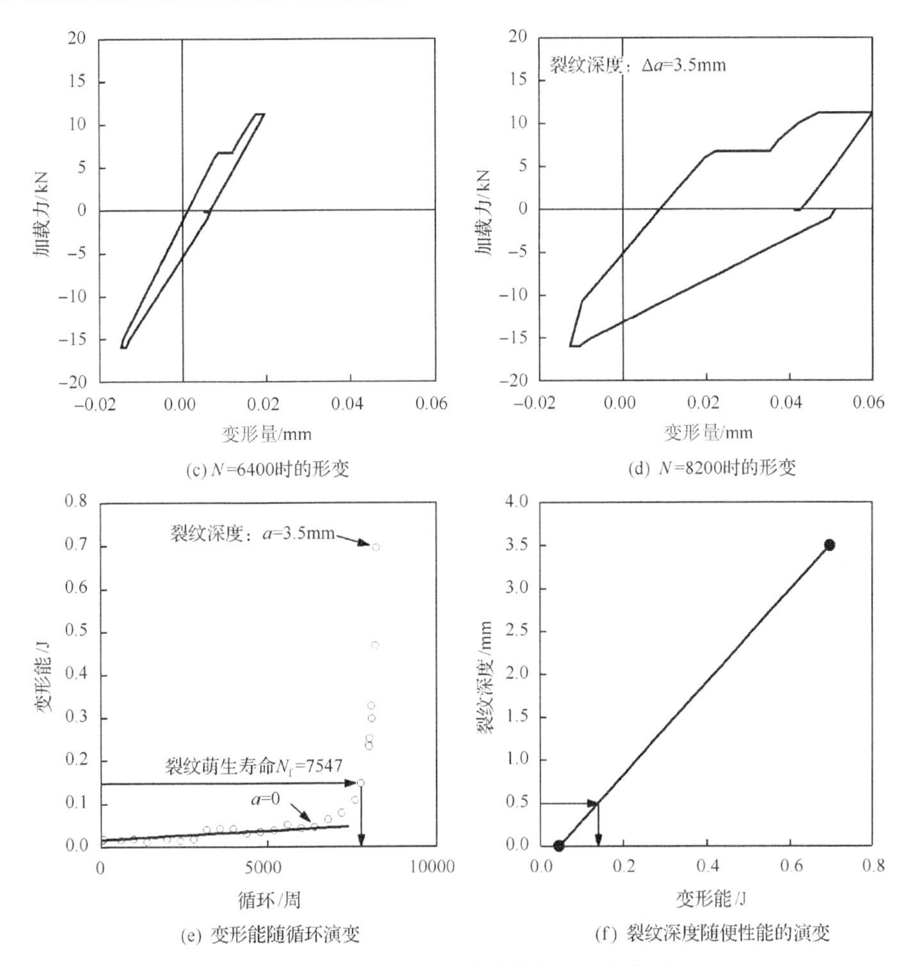

图 4.21　圆形缺口试样裂纹萌生寿命分析

材料：10Cr；等温三阶临近工况温度：$T=600$℃；$\Delta\sigma_n=(1.2/1.02/0.86)\sigma_{s,0.2\%,600℃}$

缺口试样在无保载拉压、拉压分别 3h 保载以及单循环总保载 1h 的三阶临近工况载荷下的寿命关系如图 4.22(a)所示。其中，拉压无保载和拉压分别为 3h 载荷下的寿命为试样断裂寿命。由于三阶临近工况载荷中的 80%为热启动循环，因此图中的载荷水平以热启动循环的平均应力幅 σ_n 表示。无论在拉压无保载还是在有较长时间拉压保载(拉压保载时长分别为 3h)的情况下，应力集中系数分别为 K_t=1.7 和 K_t=2.3 的圆柱形缺口试样[31]的蠕变疲劳寿命没有明显差别。相对于光滑无缺口试样随保载时长的增加没有明显的缩短的特性，缺口试样的寿命除了在有无保载时长的情况下产生明显的差异外，还会随着保载时长的增长而加速缩短(图 4.22(a))。

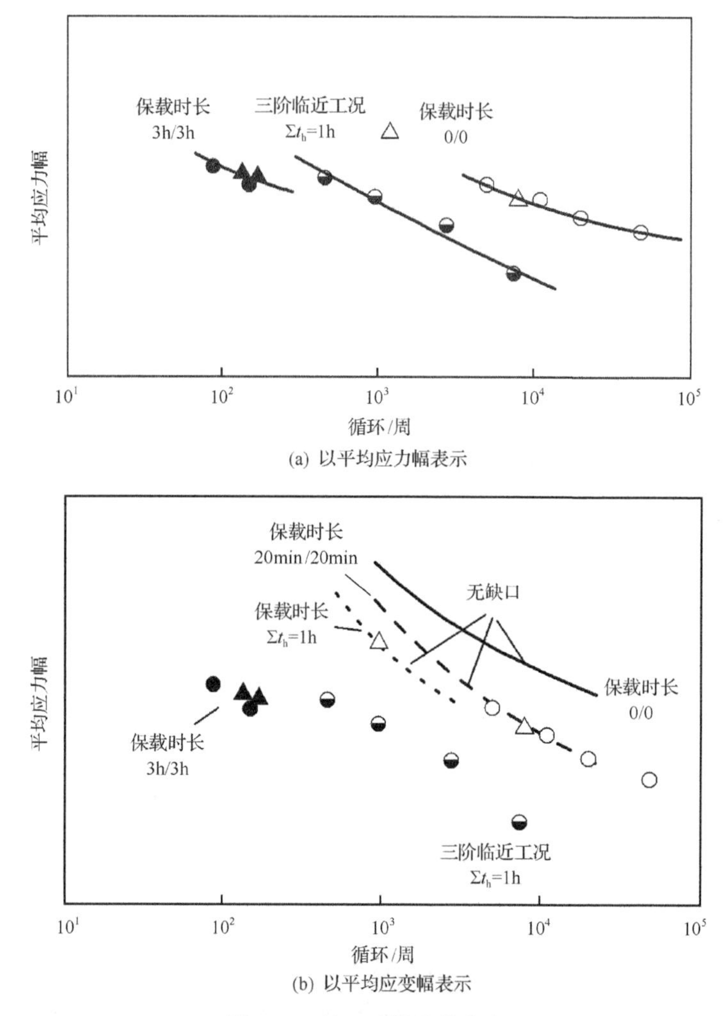

(a) 以平均应力幅表示

(b) 以平均应变幅表示

图 4.22　缺口试样疲劳寿命

材料：10Cr；温度：$T=600$℃；三角形代表应力集中系数为 1.7，圆形代表应力集中系数为 2.3

图 4.22(b) 为以平均应变 ε_n 表达的循环寿命的关系曲线，其中平均应变 ε_n 是通过平均应力 σ_n 在以上 3 种不同保载时长的一半时的拉伸曲线(图 3.4)确定。图 4.22(b) 中 3 条曲线表示无缺口光滑圆柱试样的寿命，图标表示圆柱形缺口试样的寿命。相同的平均应变 ε_n 下，有缺口的试样寿命可缩短为光滑圆柱试样寿命的十分之一。

缺口局部应力–应变分布状态与缺口根部的几何形状以及与拉伸特性有关。在弹性范围内，采用材料拉伸曲线和 Neuber 关系[55]可以得出缺口根部最

大应变 ε_{max}(图 4.23)：

$$\varepsilon_{max} \cdot \sigma_{max} = K_t^2 \frac{\sigma_n^2}{E} \tag{4.1}$$

式中，σ_{max} 为的缺口根部最大应力；K_t 为应力集中系数；E 为杨氏弹性模量；σ_n 为平均应力。与平均应力 σ_n 与寿命周期关系相对，在最大应变 ε_{max} 与寿命周期关系中，试样蠕变疲劳寿命随着应力集中系数 K_t 的增大而增长，即所谓的缺口强化作用。缺口强化作用的强弱与材料的变形能力有关。对于韧性较高的材料，蠕变疲劳载荷下的拉伸曲线随着应力的增高变得较为平缓，从而产生较大的塑性形变(图 3.4)。部件缺口的原始应力集中系数会随之产生的瞬时塑性形变而降低。在相同的平均应力 σ_n 下，局部应力集中系数 K_t 越大，产生的局部塑性应变(变形)越大。不可恢复的塑性形变可使缺口部位变得更平缓，从而降低局部应力集中系数。集中系数 K_t 越大，随着周期性载荷下降的也越快，从而延长材料的疲劳寿命。电厂机组常用耐热钢通常韧性较高，因此当它们在缺口处产生应力梯度时，缺口根部的塑性强化作用就尤为明显。在机组部件设计中，由于缺口部位塑性强化作用，通常允许局部产生塑性形变，以便设备材料能够发挥更大的作用。

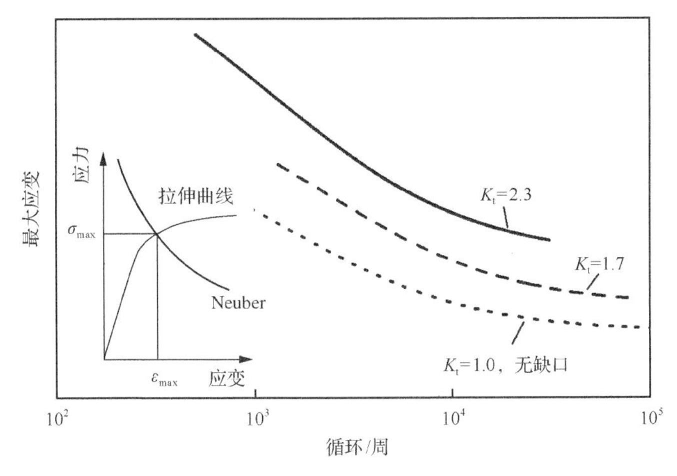

图 4.23　缺口最大应变与疲劳循环关系

材料：10Cr；保载时长：0/0

4.5　工况载荷下损伤特征

机组设备材料在临近工况载荷后的裂纹形貌是损伤分析的基础。进行组织形貌分析之前，首先进行试件表面裂纹形态观测(图 4.24)。经过 TMF 载荷后，试样无论是在冷启动工况的大机械载荷后，还是在以热启动相对较小载荷为主的三阶载荷以及实际 TMF 启停工况载荷后，表面均出现由局部较高塑性形变和收缩所引起的形状失稳(图 4.24(a)～图 4.24(c))。经过冷启动工况的大机械应变后($\Delta\varepsilon>0.4\%$)，试样表面局部收缩程度相对于以热启动相对较小载荷为主的三阶载荷后的表面局部收缩要严重。在图 4.24(a)和图 4.24(b)中，局部收缩的位置均出现在温度较高处，分析认为失稳原因可能是所采用的电磁感应炉加热方式产生试样轴向温度的不均匀。然而，使用热均匀性和稳定性较好的电阻丝加热方式，TMF 载荷后的试样表面仍然会出现局部失稳收缩[56] (图 4.25(c))。相比之下，恒温载荷下的试样表面温度轴向分布比较均匀，试样表面没有出现明显的失稳状态(图 4.24(d))。TMF 载荷下的温度分布分别采用高精度红外热成像和热电偶两种手段进行优化，所测量的温度偏差和温度分布不均匀性均符合 ISO 12111 的规定。

十字形试样测试区域温度的分布通过高精度热成像摄像机在试验进行过程中进行监控(图 4.25)。试验过程中，十字形试样测试区域温度分布均衡，相对于圆柱形试样(图 4.24)没有出现使用电磁感应加热方式所引起的结构失稳现象。这也可能是由于十字形试样的测试区域中心厚度十分薄(仅 2mm)，因此宏观上无法观测到。测试区域温度的分布的测定，一方面用于有限元分析十字形试样载荷分布时的边界条件设定，另一方面用于监控试验进行过程中测试区域温度分布的稳定性和达标程度。十字形试样上的裂纹不规则的分布在测试区域中，其中主裂纹位于测试区域的边界，但并不直接位于环形过

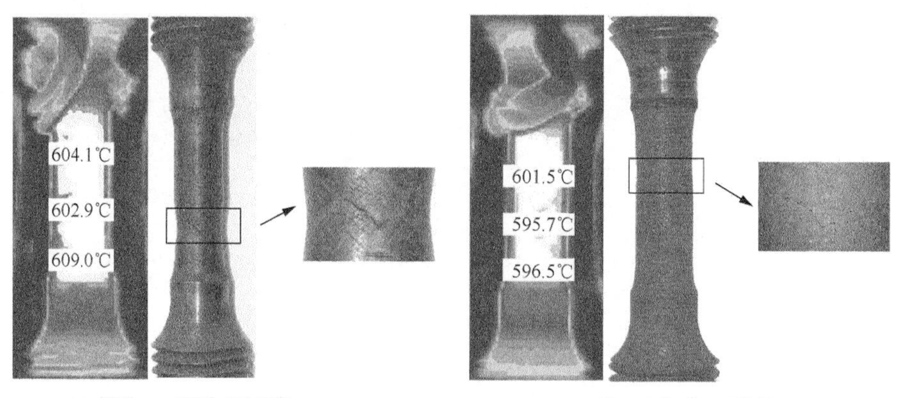

(a) 单阶TMF临近工况载荷
T= 300～600℃

(b) 三阶TMF临近工况载荷
T_C= 300～600℃，T_H= 550～600℃，T_W= 500～600℃

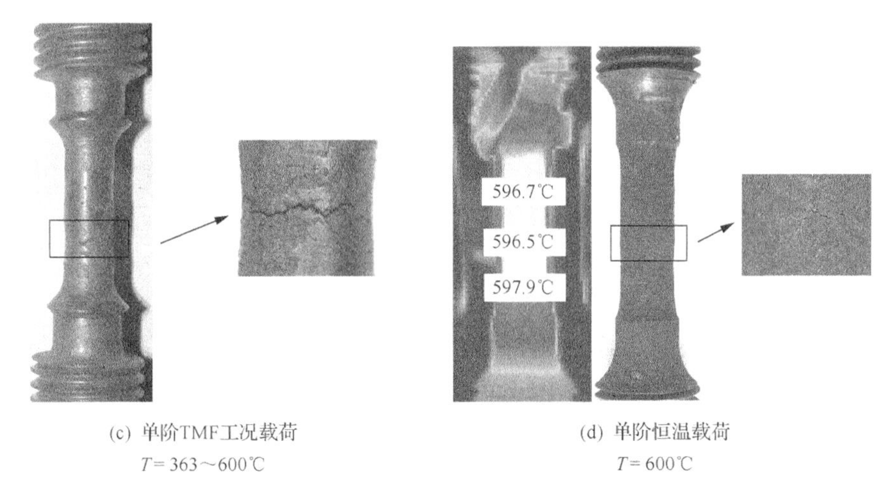

(c) 单阶TMF工况载荷
T= 363～600℃

(d) 单阶恒温载荷
T= 600℃

图 4.24　圆棒形试样表面损伤形貌

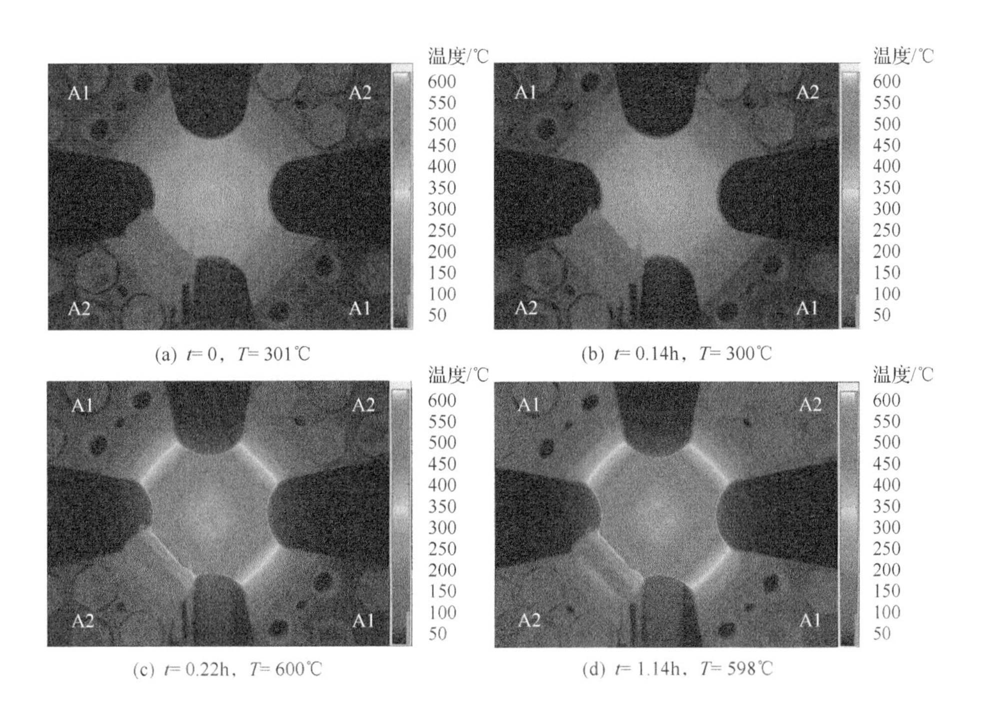

(a) t= 0，T= 301℃

(b) t= 0.14h，T= 300℃

(c) t= 0.22h，T= 600℃

(d) t= 1.14h，T= 598℃

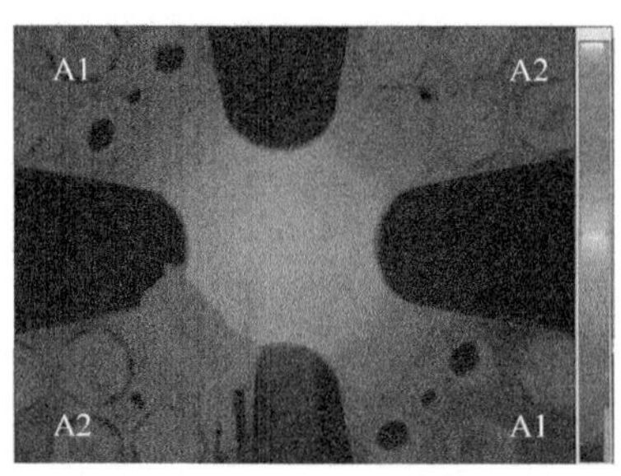

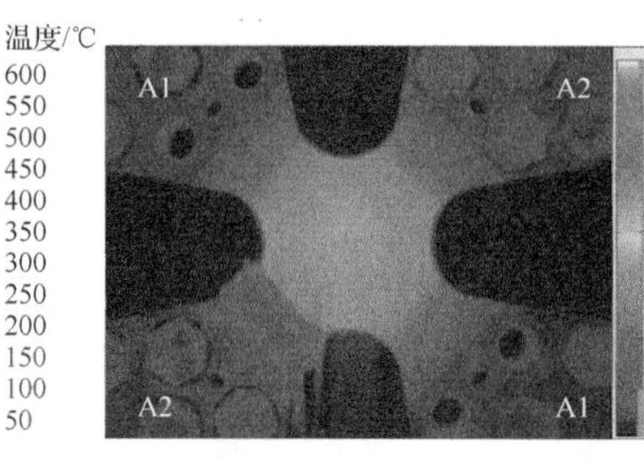

(e) t= 1.29h，T= 299℃　　(f) t= 1.43h，T= 299℃

图 4.25　十字形试样测试区域温度分布

渡区，如图 4.26 所示。图中 x 方向表示设备的 A1 轴，位于右下方 45°方位(图 4.25)。最大的裂纹常位于坐标平面内 45°方向上。

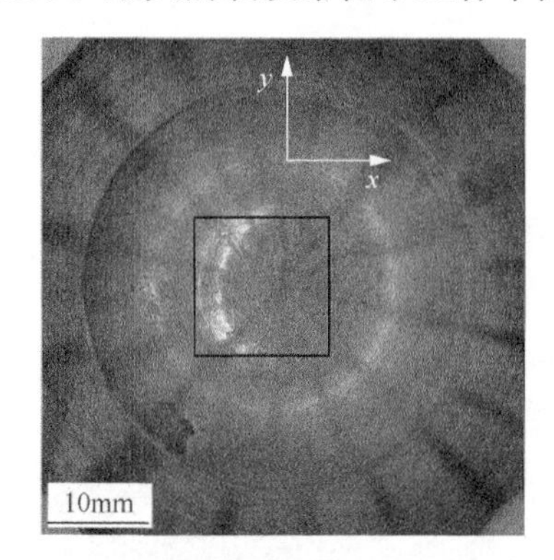

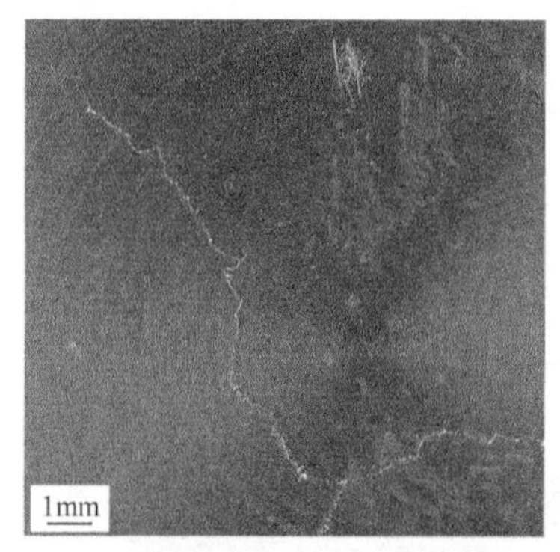

(a) 拉压无保载，T=300℃，N_f=4810，t_f=16h

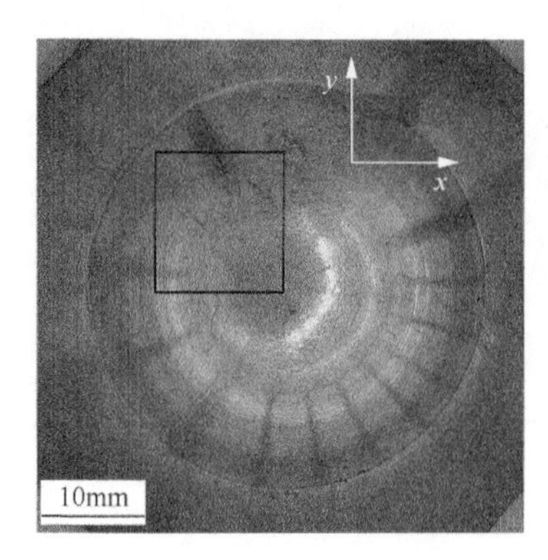

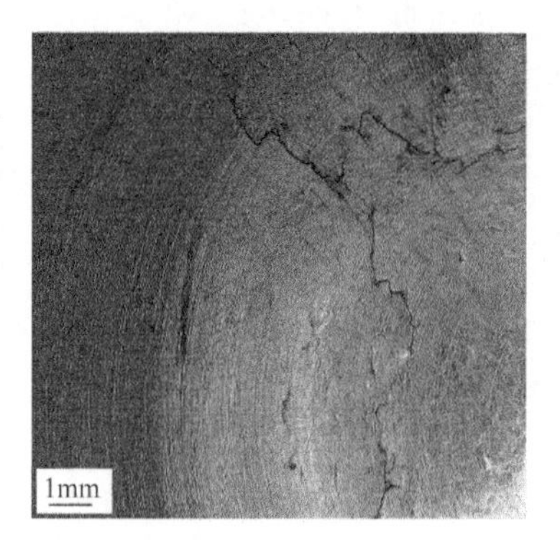

(b) 拉压无保载，T=600℃，N_f=2265，t_f=596h

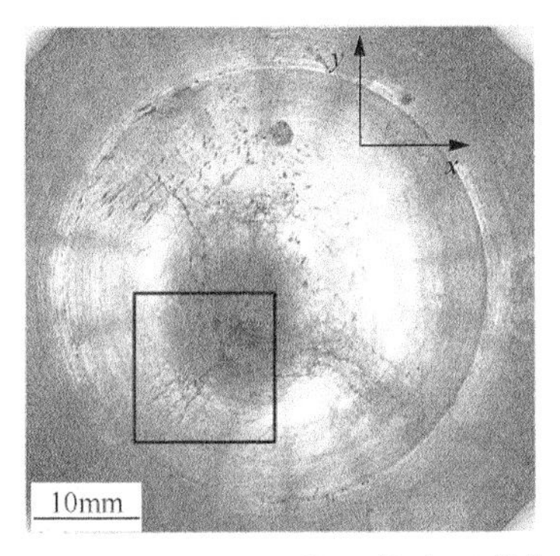

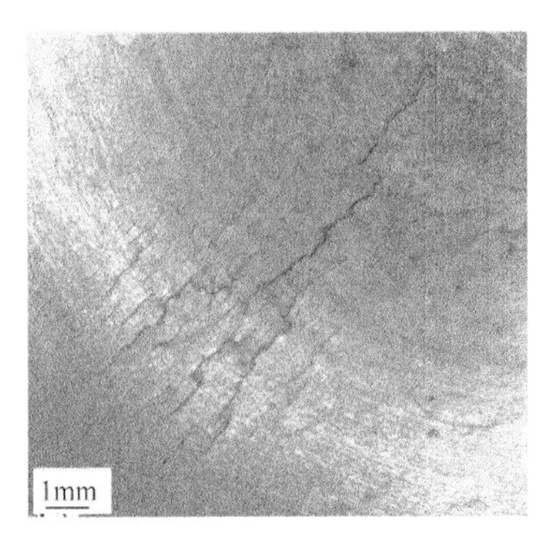

(c) 三阶恒温临近工况载荷，T=600℃，N_f=1400，t_f=1803h

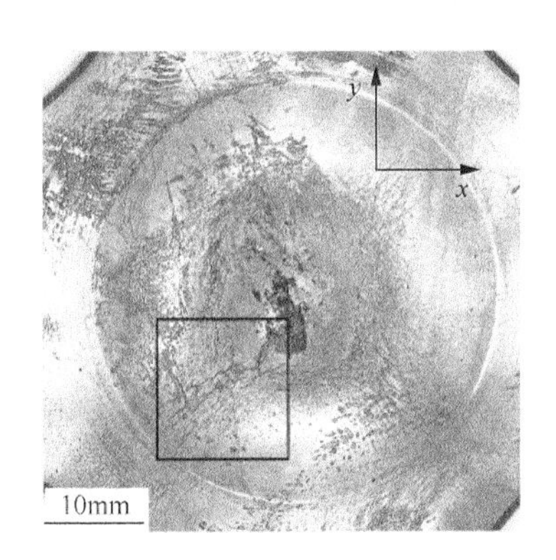

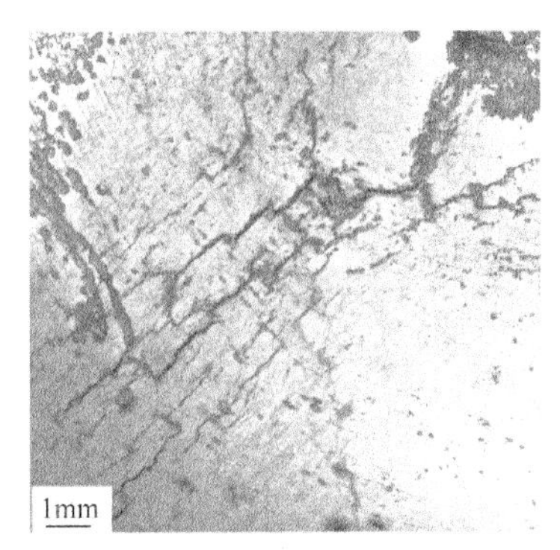

(d) 三阶TMF临近工况载荷，T_C= 300～600℃，T_H= 550～600℃，T_W= 500～600℃，N_f= 1060，t_f=1365h

图 4.26　十字形试样在失效时的表面损伤形貌

缺口试样上进行的临近工况载荷试验，结束时间为试样表面出现可视裂纹(图 4.27)。试验结束后，试样表面主要裂纹和其他微小裂纹仅出现在缺口根部，其他部位没有发现裂纹。相对于试验前试样的原始状态，经过蠕变疲劳载荷后，缺口处的几何回转半径发生了改变。几何回转半径偏差随着载荷幅的增大及保载时间的增长而增大，这直接影响应力集中系数在试验过程中的改变。在图 4.6 中，试样的原始应力集中系数为 2.3。而经过在三阶工况载荷后约 600h 失效的试样，应力集中系数变为 1.75；经过约 1000h 失效的试样应力集中系数变为 1.79；经过约 3000h 失效的试样应力集中系数变为 2.23；经过约 9000h 失效的试样应力集中系数变为 2.28。应力集中系数在试验过程中的改变会引起缺口效应的改变，这对寿命预测带来一定的难度。

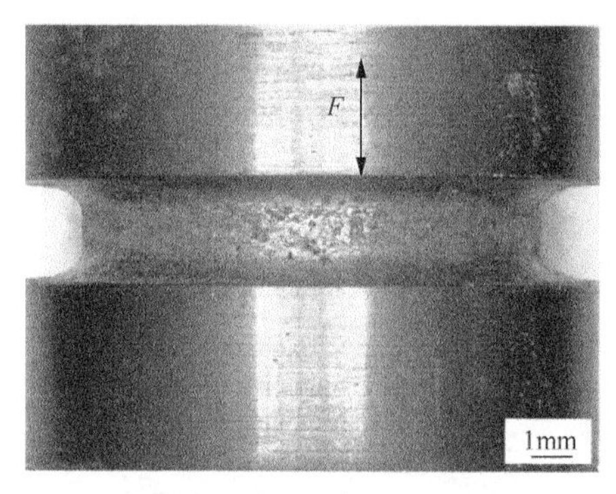

(a) N_f=460，t_f=523h，$K_t'\approx1.75$

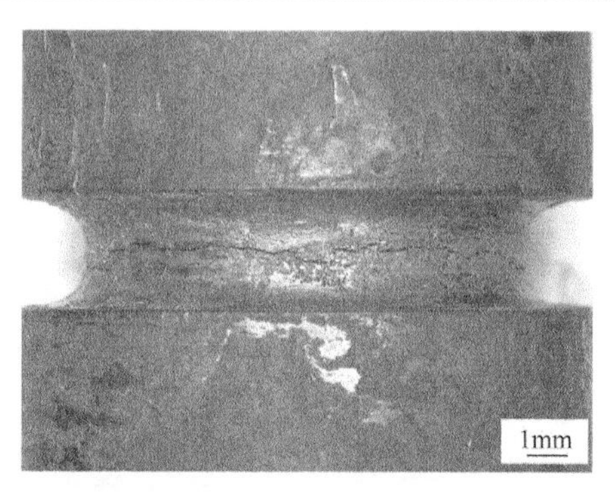

(b) N_f=810，t_f=928h，$K_t'\approx1.79$

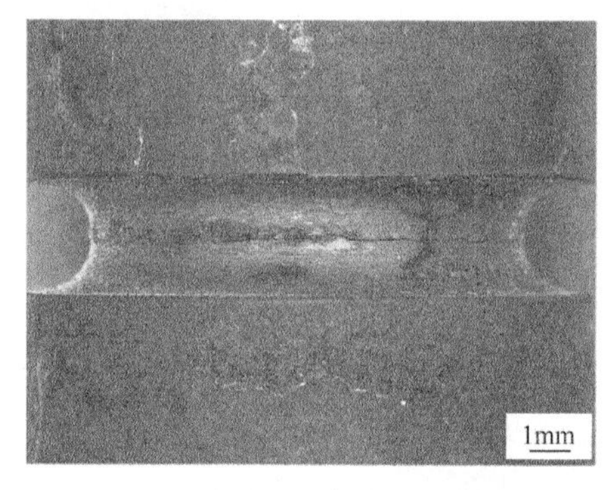

(c) N_f=2733，t_f=3000h，$K_t'\approx2.23$

(d) N_f=7547，t_f=8284h，$K_t'\approx2.28$

图 4.27　圆棒形缺口试样经不同载荷后失效时的表面形貌

为了分析材料的损伤演变过程，采用一系列的“多试样法”对不同寿命阶段的试样微观结构进行观测，即多个试样在同样的环境和机械载工况下加载到各自所预设的时间后中断，用于结构损伤分析。单轴圆棒形试样和双轴十字形试样的临近工况载荷试验在恒定的低应变速率 $10^{-5}s^{-1}$ 下进行，循环总保载时间为 1h。由于“多试样法”的试验成本太高，本书以超超临界火电机组汽轮机转子钢 10Cr 为例，分析它随单轴单阶临近载荷时长的损伤演变。分析试样取自转子头部，初始状态微观组织结构如图 4.28 所示，作为损伤演变分析的基础参照。该转子钢为典型的回火马氏体结构（图 4.28(a)），含有少量的夹杂物(图 4.28(b))。单轴三阶临近工况载荷和多轴工况载荷下的损伤演变与单轴单阶载荷下相似，可以借鉴单轴单阶损伤演变的研究结果。单轴单阶临近工况载荷试验进行到大约寿命的 25%时中断，取下测试试样用于微观结构损伤分析。对于 TMF 临近工况载荷，由于它的寿命出现了非预期的大幅缩短，因此，在此基础上增加了经过 10%寿命时长后的材料结构损伤分析。

(a) 微观组织结构

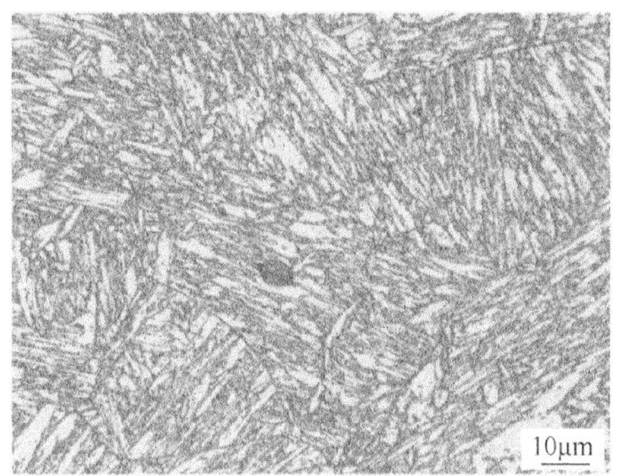

(b) 夹杂物

图 4.28　转子钢 10Cr 初始微观组织形貌

恒温临近工况下的裂纹萌生特性分析通过光学显微镜和透射电镜观测分析金相组织试样的方式实现。在图 4.17 的机械载荷下，经过大约 25%的寿命周期后，试样表面萌生一个疲劳裂纹(图 4.29(a))。除此之外，距离这个裂纹较远的地方还存在一些非常细小的夹杂物(Al_2O_3)。裂纹的扩展呈现穿晶形式，并且不受材料中夹杂物的影响。这些夹杂物主要位于晶核内，还有一部分位于原始奥氏体晶界上(图 4.29(b))。

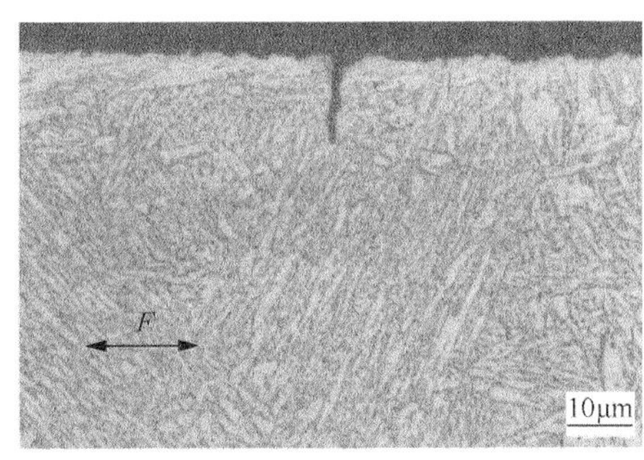

(a) 局部裂纹

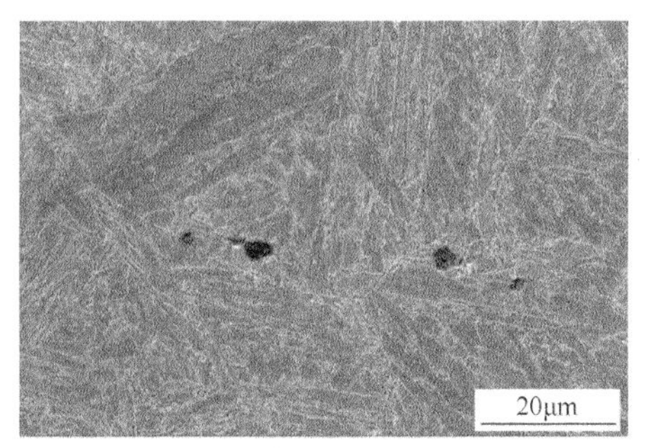

(b) 夹杂物

图 4.29　单阶恒温临近工况在 $N\approx0.25N_f$ 时的微观损伤形貌

材料：10Cr；温度：T=600℃

随着加载循环的增多直到试样失效，试样测试区域的表面形成许多裂纹(图 4.30(a))。这些裂纹在增长过程中以穿晶形式为主。在表面以下有时会相互交错，有时会沿晶界分叉且和旁边的裂纹结合而形成空间裂纹网络(图 4.30(b))。由于在平面内显示多维空间裂纹网络，因此在平行于裂纹的周边存在一些断裂形态的孔洞(图 4.28(c)和图 4.28(d))，其中有些断裂孔洞的边缘附有氧化膜。

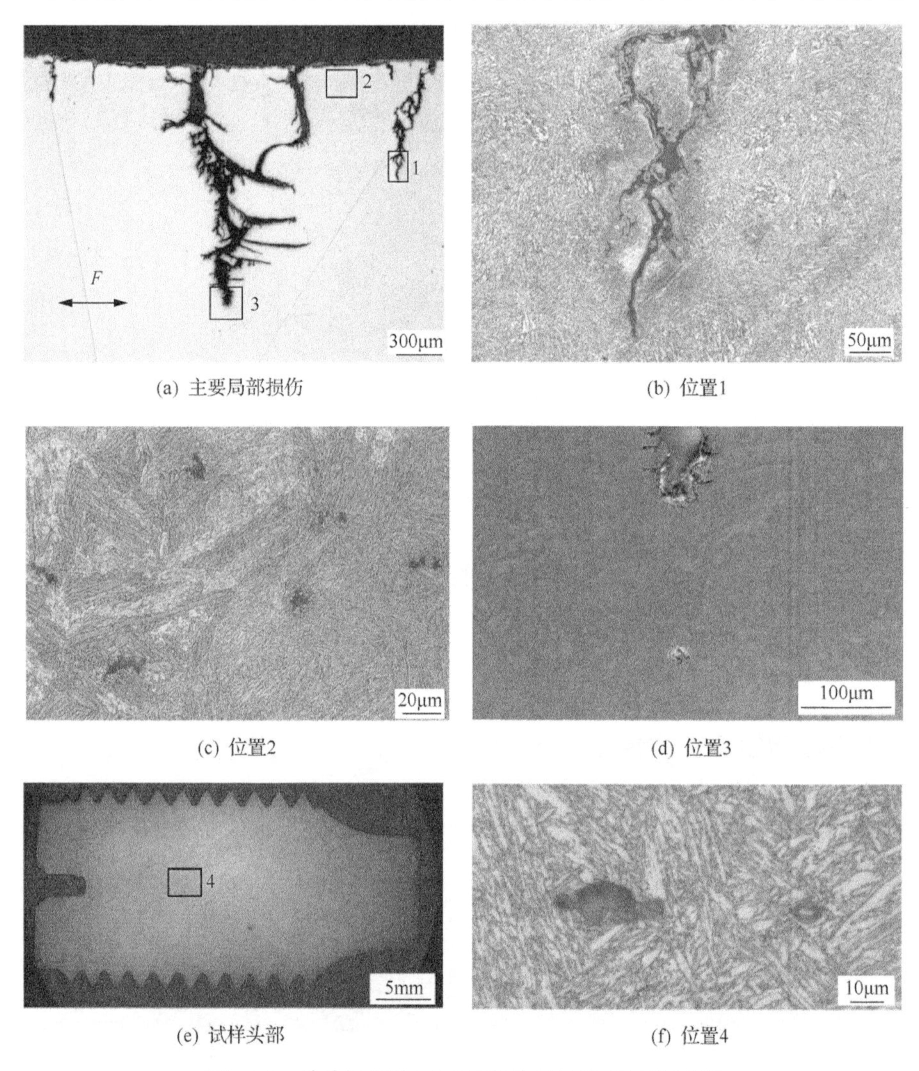

(a) 主要局部损伤　(b) 位置1　(c) 位置2　(d) 位置3　(e) 试样头部　(f) 位置4

图 4.30　单阶恒温临近工况失效时的微观损伤形貌

材料：10Cr；温度：T=600℃

在 TMF 临近工况下，经过大约 10%的寿命后，试样表面没有明显的裂纹出现(图 4.31)。随着加载时间的增长，由于冷启动循环在较低的温度(T=300℃)时引起相对较高的应力，在试样的表面以下形成许多孔洞以及结构微断裂。在大约 25%寿命时，试样表面以下的孔洞和结构微断裂数明显增多(图 4.32)。相较于同寿命时的恒温工况，TMF 载荷下的损伤是从材料内部而不是表面萌生。试样由于局部受温过高而形成一个严重的缩颈(图 4.32(a))和大量的结构微断裂(图 4.32(b))，其中部分微断裂的孔洞内存在氧化夹杂物(图 4.32(c)和图 4.32(d))。

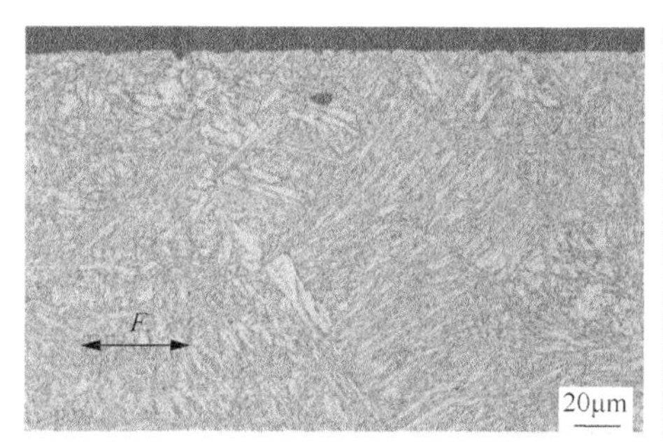

(a) 局部形貌

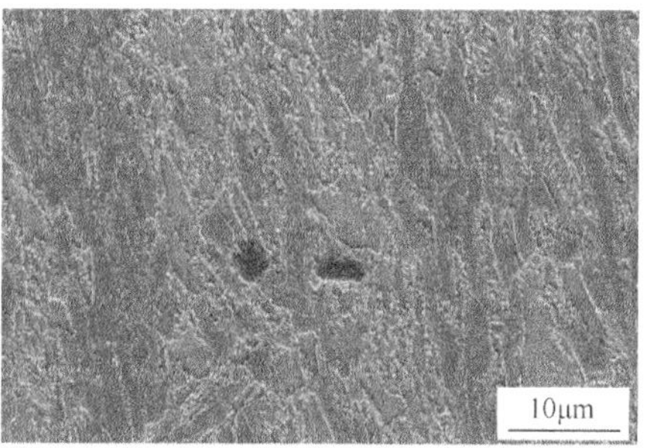

(b) 夹杂物

图 4.31　单阶 TMF 临近工况在 $N \approx 0.1N_f$ 时的微观损伤形貌

材料：10Cr；TMF：T=300～600℃

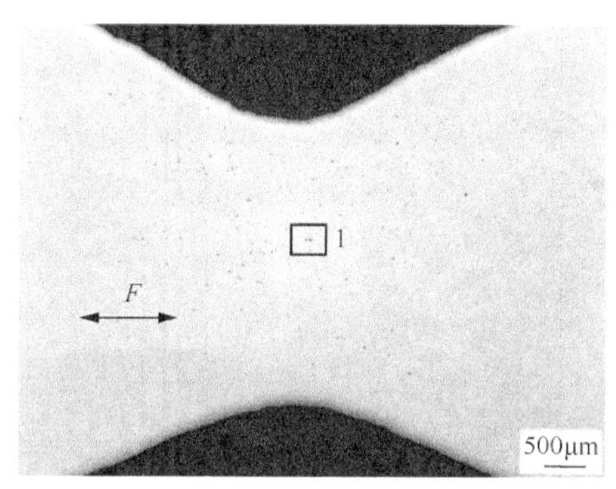

(a) 局部缩颈和孔洞

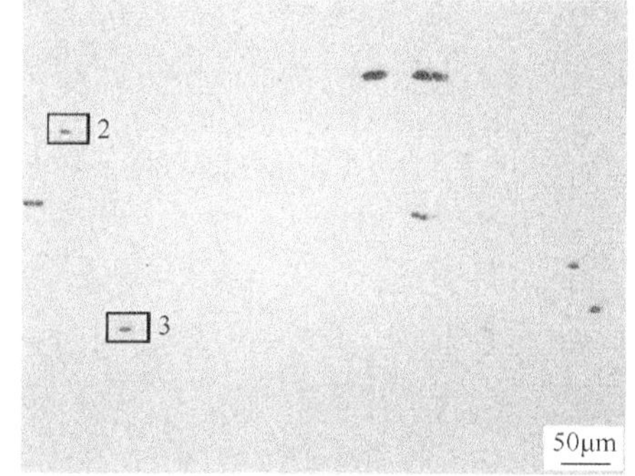

(b) 位置1

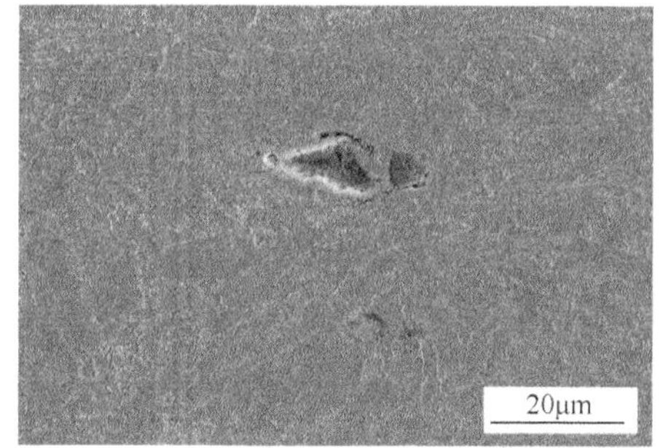

(c) 位置2

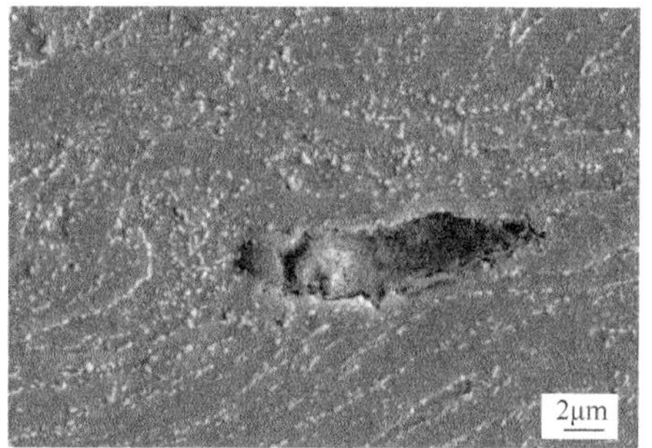

(d) 位置3

图 4.32　单阶 TMF 临近工况在 $N \approx 0.25N_f$ 时的微观损伤形貌

材料：10Cr；TMF：T=300～600℃

TMF 试验结束后，在试样的结构不稳定处，即缩颈周边表面，存在许多裂纹，其中主裂纹几乎位于缩颈最低处(图 4.33(a))。试样表面以下主裂纹的形态呈锯齿状(图 4.33(a)和图 4.33(b))，在远离主裂纹处存在大量的孔洞和结构微断裂(图 4.33(a))。由此可以推断，TMF 载荷下萌生裂纹的同时，内部也形成了微小孔洞和结构微断裂(图 4.33(c)和图 4.33(d))，这些微小孔洞和结构微断裂引导了裂纹扩展的路径。除此之外，裂纹尖端的周边与恒温载荷下的情况相类似，微小孔洞和结构微断裂的表面附有氧化层。然而，在 TMF 载荷下产生的微小孔洞和结构微断裂的数量比恒温载荷下明显得增多。这可

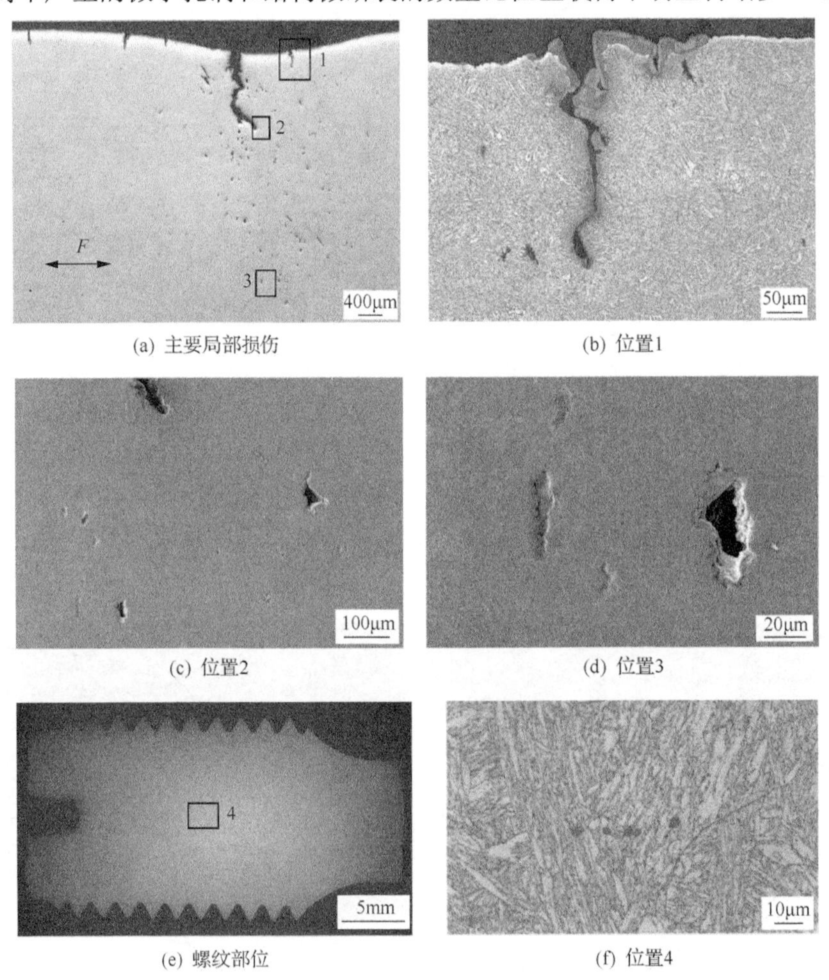

(a) 主要局部损伤　(b) 位置1

(c) 位置2　(d) 位置3

(e) 螺纹部位　(f) 位置4

图 4.33　单阶 TMF 临近工况下失效时的微观形貌

材料：10Cr；TMF：T=300～600℃

能是由于在相同的机械应变幅下，TMF 载荷的温度循环变化使材料越过它的韧脆转变温度，断裂方式从脆性机理和晶间断裂转变为韧性穿晶断裂。温度低应力高时，这种由孔洞长大的断裂方式瞬时发生。

为了检查和验证试样结构的一致性，将试样头部(螺纹连接处)的结构进行金相观测。由于恒温和 TMF 试验均采用电磁感应加热方式，因此试样头部几乎不承受的热力载荷。另外相对于测试区域，试样头部在试验过程中受到的机械载荷也十分微小。两个试样头(图 4.30(e)和图 4.33(e))的微观结构看起来非常相似且与初始状态几乎没有差别(图 4.28)。在试样的头部和测试区域均存在少量且微小的氧化夹杂物(图 4.30(f)和图 4.33(f))。

经过三阶 TMF 临近工况载荷(图 4.11)的试样，其微观结构损伤与单阶 TMF 工况下类似。三阶 TMF 临近工况载荷谱以应变幅较小的热启动循环为主，因此，裂纹周边的微小孔洞和结构微断裂的数量也比冷启动大应变循环时的数量要少，所形成的裂纹同样呈锯齿状形态(图 4.34)。除了以上简化机组运行 4 个过程的临近工况载荷外，实际 TMF 启停工况下的试样也同样以形成内部微断裂为主要损伤起源[56](图 4.35)。随着循环载荷的增加，这些内部微小裂纹可引导由表面萌生的裂纹的扩展路径，致使裂纹呈现锯齿状路径。

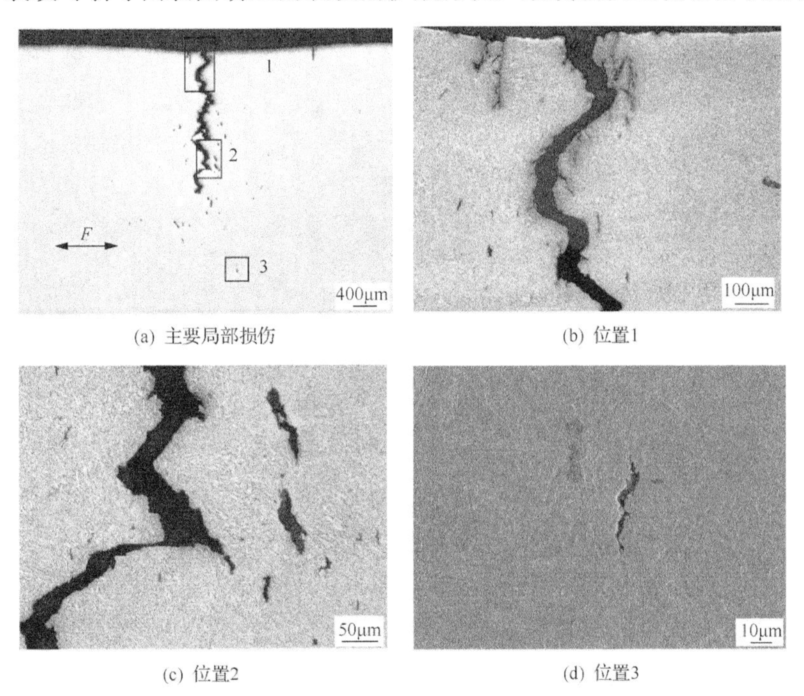

(a) 主要局部损伤　(b) 位置1

(c) 位置2　(d) 位置3

图 4.34　三阶 TMF 临近工况下失效时微观形貌

材料：10Cr；TMF：T_c=300～600℃，T_H=550～600℃，T_w=500～600℃

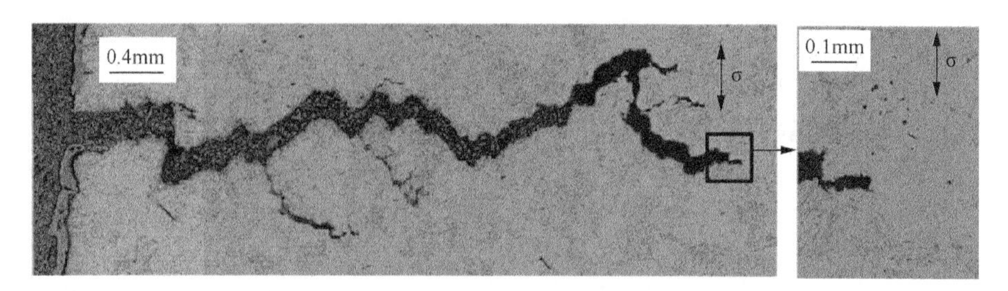

图 4.35　TMF 实际工况下失效时微观损伤形貌

十字形试样的裂纹形貌如图 4.36 所示，试验结束后，测试区域存在许多由表面萌生的裂纹。经过 300℃冷启动温度的拉压载荷失效后，裂纹的萌生与扩展均符合典型的疲劳损伤特征，即裂纹萌生于试样表面并以穿晶路线扩展(图 4.36(a))。在恒定 600℃运行温度下，无论是经过拉压无保载还是经过复杂的临近工况载荷，裂纹的特性除了符合表面萌生且穿晶扩展的特征外，在裂纹尖端的周边还存在少量的微断裂孔洞。与单轴恒温工况下类似，这些微断裂孔洞是由于在平面状态展示裂纹尖端部位的三维裂纹网络结构而出现的(图 4.36(b)和图 4.36(c))。与之相对，经过 TMF 载荷失效后，十字形试样裂纹扩展形态呈现锯齿状，同时在裂纹周边较大的范围内存在许多孔洞与结构微断裂。两个从试样表面萌生的主裂纹在表面下大约 1/3 处与试样另一表面萌生的裂纹汇合。裂纹在扩展过程中的相互汇合以及与微孔洞和结构微裂纹的交汇，构成了锯齿状的裂纹扩展足迹(图 4.36(d))。虽然十字形试样的中心厚度仅有 0.2mm(只有圆棒形试样中心厚度 1/5)，但这样的裂纹形貌与单轴 TMF 载荷情况是相似的。

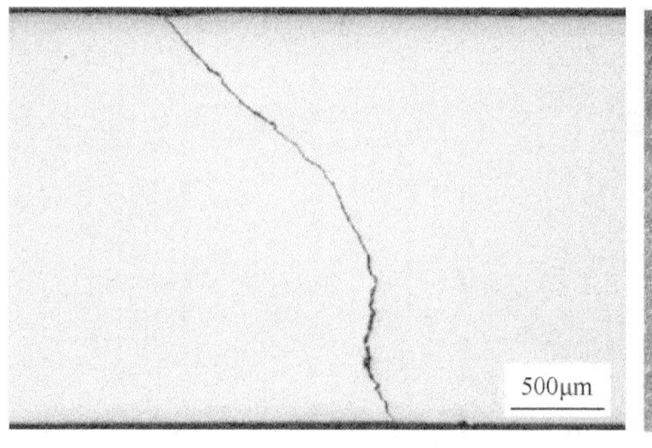

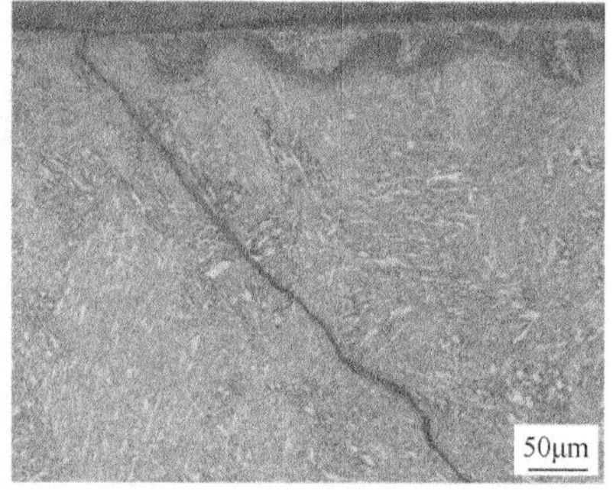

(a) 拉压无保载，T=300℃，N_f=4810，t_f=16h

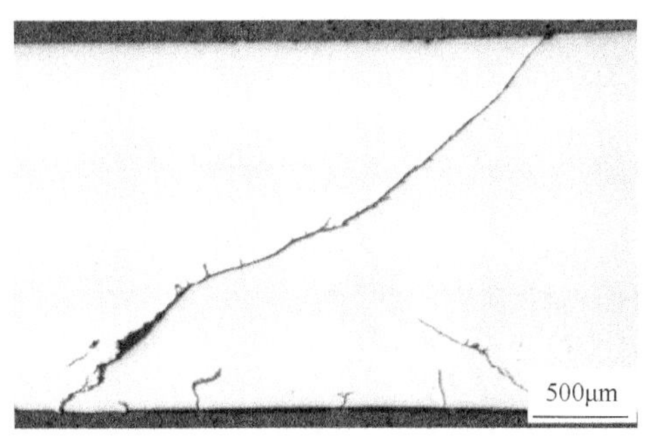

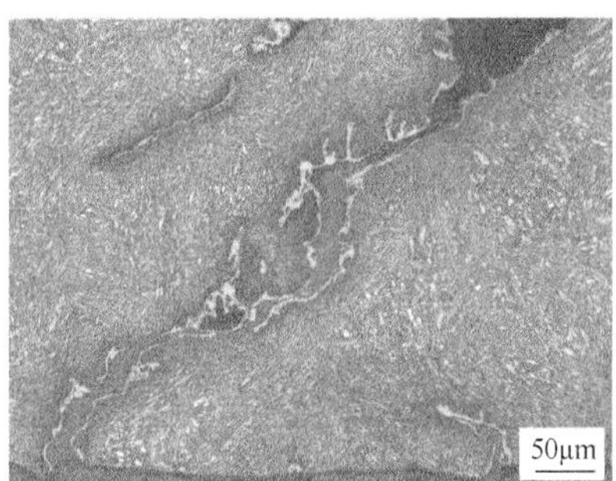

(b) 拉压无保载，T=600℃，N_f=2265，t_f=596h

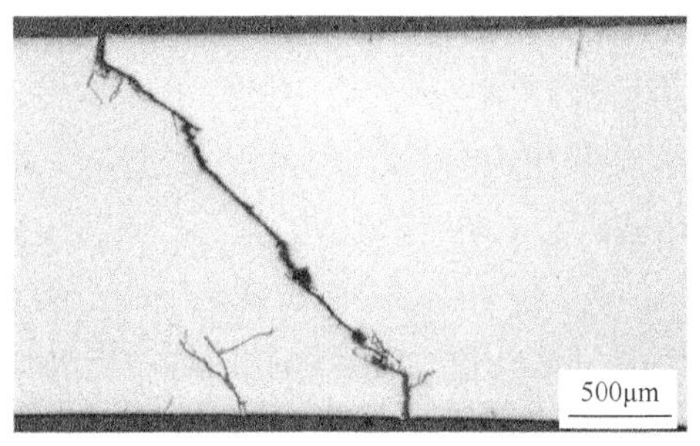

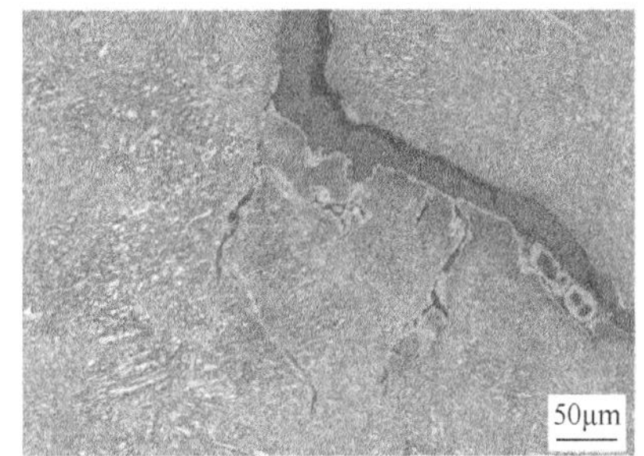

(c) 三阶恒温临近工况载荷，T=600℃，N_f=1400，t_f=1803h

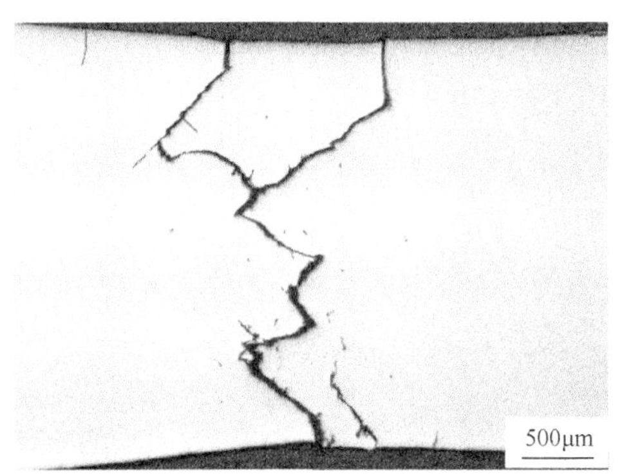

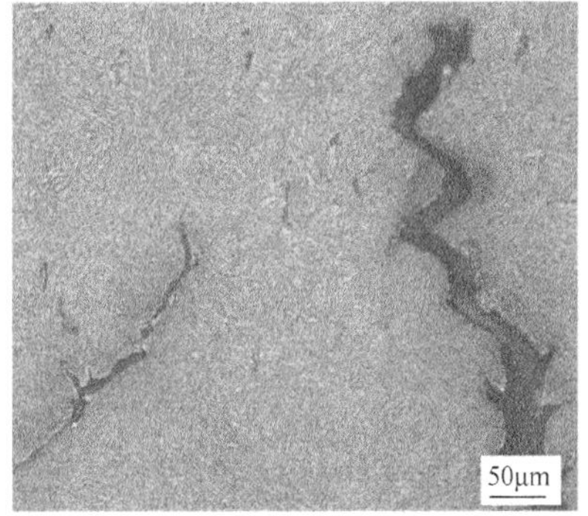

(d) 三阶TMF临近工况载荷，T_C= 300～600℃，T_H= 550～600℃，T_W= 500～600℃，N_f=1060，t_f=1365h

图 4.36　十字形试样在不同工况下失效时的损伤形貌

从总体上讲，无论是在圆柱形试样上还是在十字形试样上加载相同的临近工况机械载荷，9%～12%Cr 转子钢在有交变温度的环境(TMF 载荷)下的寿命总比恒定最高温度环境下的寿命要短。从损伤随寿命演变过程推断，材料内部氧化夹杂物引起的结构微断裂是导致试样过早失效的原因。在 TMF 载荷下，由于温度降低会引起高应力作用，就造成了氧化夹杂物处出现局部结构微断裂。随着寿命周期的增加，材料内部结构微断裂引导了由表面萌生的裂纹的扩展路径。而在恒定温度载荷下，由表面萌生的裂纹在它的穿晶扩展过程中，出现沿晶界分叉。TMF 工况下寿命缩短原因的进一步分析详见第 5 章。除此之外，双轴载荷下的寿命相对于单轴载荷下的寿命缩短大约 20%以上(图 4.15)。

机组启停过程中，由温差引起的设备热载荷在试验室中通过疲劳试验机力传感器加载的方式模拟，交变温度环境通过环境箱实现。由于温度交变所带来的试样热胀冷缩，给总应变控制的 TMF 疲劳试验带来非常大的困难，因此 TMF 试验技术难度非常高，试验过程控制也十分复杂。因此，传统上采用恒定工况温度下的临近工况试验结果，为机组设备设计、运行和监控等方面提供了理论支撑。传统机组用 1%Cr 耐热钢在 TMF 载荷下的寿命与恒温载荷下的寿命相当(图 4.9)，而新型 9%～12%Cr 耐热钢的 TMF 载荷寿命却会大幅度缩短。为保证机组安全运行，需要在设计之初以及运行监控时均考虑 TMF 载荷对设备材料寿命的影响。

缺口试样经过恒温工况载荷(图 4.19)失效后，裂纹沿试样缺口底部环形并垂直于载荷方向开裂。裂纹的形貌呈现典型的蠕变疲劳损伤特征，即裂纹由表面萌生后，以穿晶和延晶混合损伤形式扩展(图 4.37)。在较大的载荷下，缺口表面出现明显的“挤出”现象(图 4.37(a)和图 4.37(b))。裂纹的走势以穿晶为

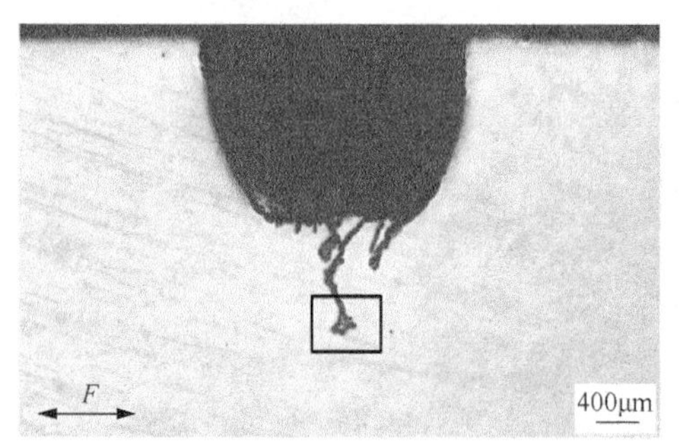

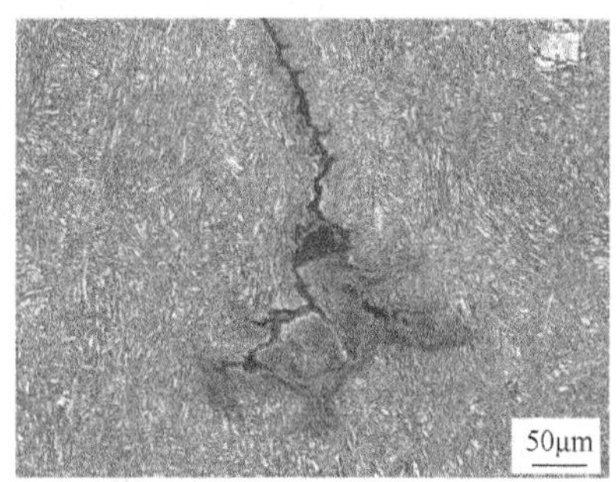

(a) N_f=460，t_f=523h，K_t≈1.75

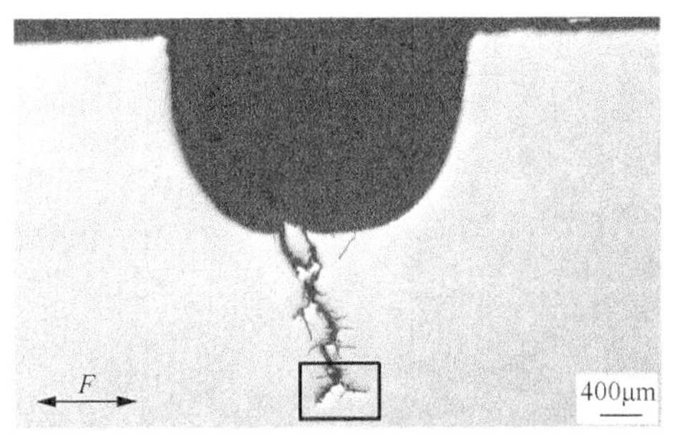

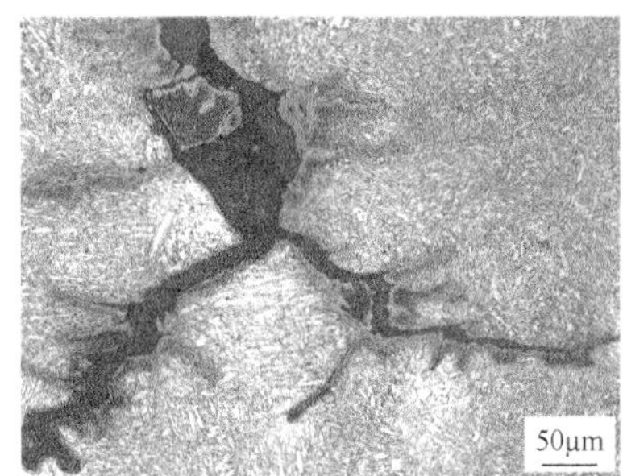

(b) N_f=801，t_f=928h，K_t≈1.79

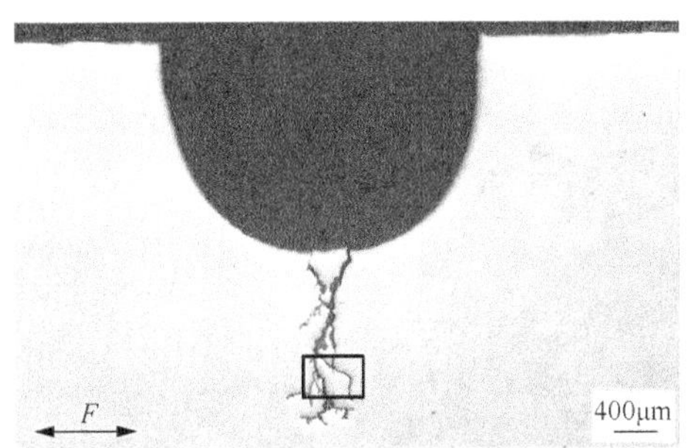

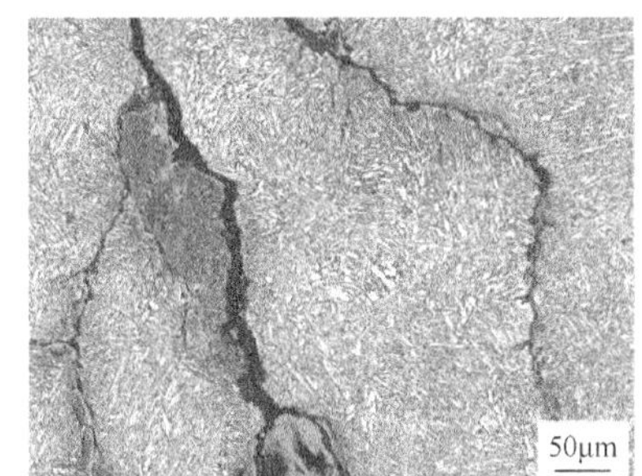

(c) N_f=2733，t_f=3000h，K_t≈2.23

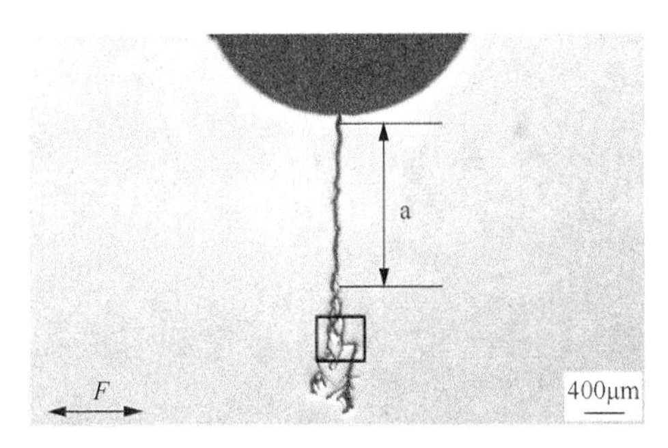

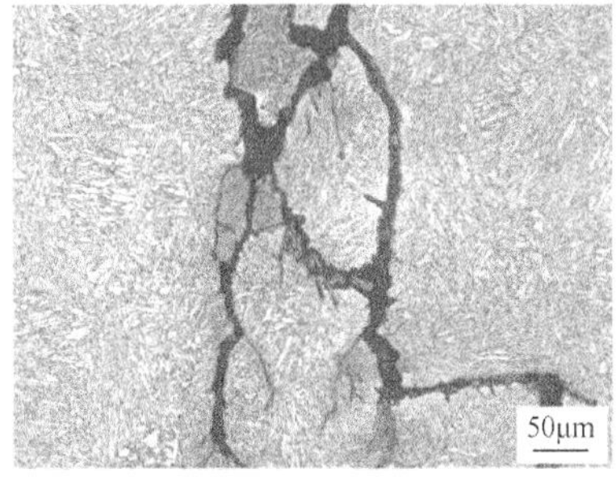

(d) N_f=7547，t_f=8284h，K_t≈2.28

图 4.37　圆形缺口形试样在不同工况下失效时的损伤形貌

主，随着裂纹的增长，裂纹在晶界处及其尖端处延晶分叉。图 4.38 为裂纹从试样表面到分叉前的深度与载荷时间的关系。随着交变载荷幅的降低和作用时间的增长，裂纹分叉部位与表面的距离增加。

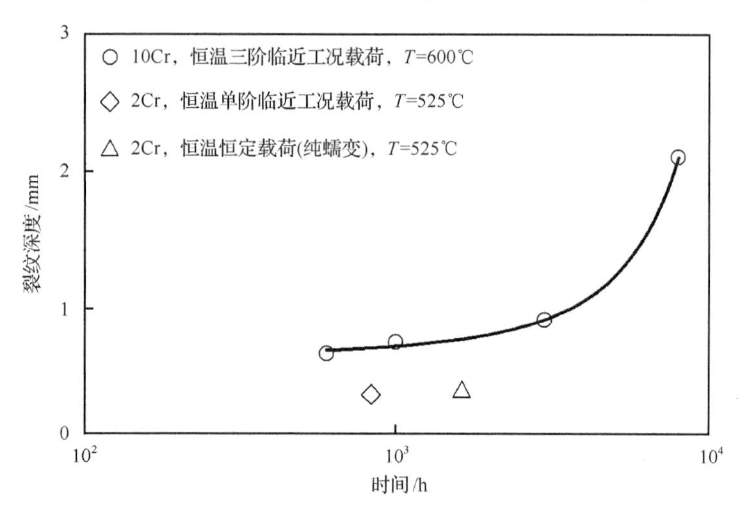

图 4.38　圆形缺口试样裂纹深度随载荷时长关系

第5章　设备材料模型的建立

发电机组设备的损伤依据标准(例如ASME Code N47)是将峰值运行温度下的蠕变损伤和疲劳损伤分别进行累积计算，不考虑两者之间的交互作用。对于伴随温度交变的TMF工况下的设备损伤分析，除了需要大量的试验数据作为支撑以外(第4章)，还需要建立适用于调峰机组频繁启停工况下的损伤模型，以便更加快捷有效地为运行方案的设计、优化和监测等提供理论依据。寿命损伤模型主要分为两大类：第一类是从“工程”角度出发的，以描述载荷作用下设备材料形变的宏观现象和损伤累积为基础的唯真模型；第二类是以连续介质力学为基础的统一黏塑性本构模型。本章介绍的两个模型主要适用于分析机组设备材料在临近工况和机组设备启停过程中的力学性能和损伤。

5.1　材料唯真模型

5.1.1　应力应变关系的建立

在临近运行工况下，机组设备材料所构建的应力应变关系可分为拉伸、压缩阶段和4个保载阶段。其中，4个保载阶段分别为稳定运行或空载运行过程的2个恒温保载及启停过程的2个变温保载阶段。

1. 保载阶段应力应变关系的建立

材料所承受的总机械应变ε_t由3部分组成：弹性应变ε_e，拉压引起的与时间无关的塑性应变ε_p，以及保载阶段引起的与时间有关的蠕变应变ε_c：

$$\varepsilon_t = \varepsilon_e + \varepsilon_p + \varepsilon_c \tag{5.1}$$

保载阶段起点的弹性应变ε_{e0}由此时刻的应力(应力松弛的初始值)σ_0和与温度相关的弹性模量E_0得出。此时，蠕变应变ε_c为零，则式(5.1)可演变为

$$\varepsilon_t = \frac{\sigma_0}{E_0} + \varepsilon_{p0} \tag{5.2}$$

由于保载阶段总应变是保持不变的，则联立式(5.1)和式(5.2)可得

$$\frac{\sigma_0}{E_0} + \varepsilon_{p0} = \varepsilon_e + \varepsilon_p + \varepsilon_c \tag{5.3}$$

式中，塑性应变 ε_p 是由拉压过程引起的，并且与载荷时间无关。因此在保载过程中，假定塑性应变 ε_p 保持不变，即 ε_p=ε_{p0}，则式(5.3)变为

$$\frac{\sigma_0}{E_0} = \varepsilon_e + \varepsilon_c \tag{5.4}$$

由此可见，保载过程中所产生的蠕变应变 ε_c 是由起点处的弹性应变 ε_{e0} 转变而来的。结合胡克定律替换式(5.4)中弹性应变 ε_e 可得

$$\sigma = E \cdot \left(\frac{\sigma_0}{E_0} - \varepsilon_c \right) \tag{5.5}$$

式中，σ 为保载过程中的应力；E 为保载过程中与温度相关的弹性模量。保载过程中，温度 T 随时间 t 改变。将式(5.5)对时间 t 求一阶导数，可得

$$\frac{d\sigma}{dt} = \frac{dE}{dT} \cdot \frac{dT}{dt} \cdot \left(\frac{\sigma_0}{E_0} - \varepsilon_c \right) - E \cdot \frac{d\varepsilon_c}{dt} \tag{5.6}$$

式中，弹性模量 E 与时间 t 间接相关。

在机组稳定运行或空载过程，温度(准)恒定，此过程中的弹性模量 E 保持不变，可得

$$\left(\frac{d\sigma}{dt} \right)_{iso} = -E \cdot \frac{d\varepsilon_c}{dt} \tag{5.7}$$

式中，蠕变应变速率 $d\varepsilon_c/dt$ 大于零，弹性模量 E 也大于零。在此保载过程中，应力随时间持续减小(图 5.1)。

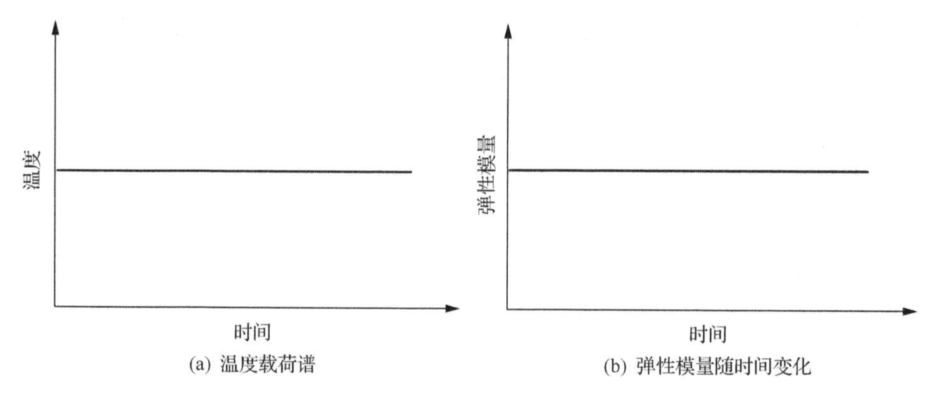

(a) 温度载荷谱　　(b) 弹性模量随时间变化

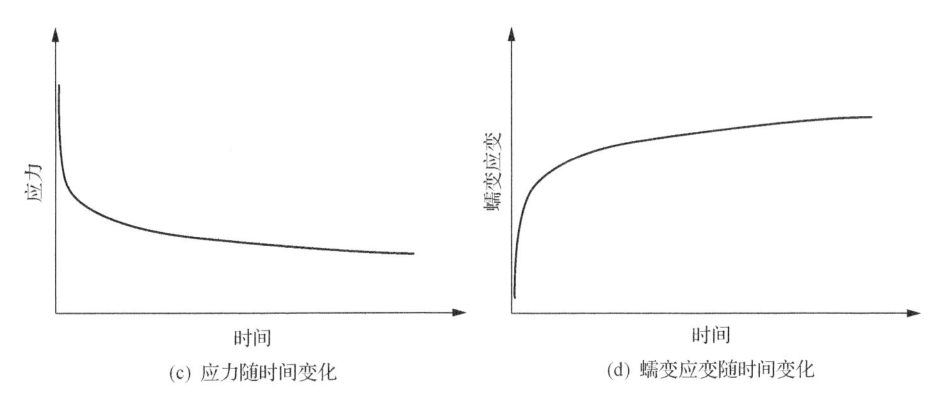

(c) 应力随时间变化　(d) 蠕变应变随时间变化

图 5.1　临近工况下运行保载或空载阶段各性能的变化特征

温度：T=常数；总应变：ε_t=常数

机组启动过程中，温度逐渐随时间升高，弹性模量因此而降低。启动过程中，机组设备表面受到压载荷作用(图 4.3(c))。如果仅考虑应力与应变的绝对数值，则式(5.6)可变为

$$\left(\frac{\mathrm{d}|\sigma|}{\mathrm{d}t}\right)_{\mathrm{TMF},启动}=-\left[\left|\frac{\mathrm{d}E}{\mathrm{d}T}\cdot\frac{\mathrm{d}T}{\mathrm{d}t}\right|\cdot\left(\frac{|\sigma_0|}{E_0}-|\varepsilon_\mathrm{c}|\right)+E\cdot\frac{\mathrm{d}|\varepsilon_\mathrm{c}|}{\mathrm{d}t}\right] \tag{5.8}$$

式(5.8)等号右边的值小于零，且其绝对值大于式(5.7)等号右边的绝对值。因此，在机组启动温度持续升高直至运行温度的保载过程中，应力随时间持续松弛降低，且松弛速率快于以最高运行温度 $T_{运行}$稳定运行的恒温保载过程的应力松弛速率，即

$$\left|\frac{\mathrm{d}|\sigma|}{\mathrm{d}t}\right|_{\mathrm{TMF},启动}>\left|\frac{\mathrm{d}|\sigma|}{\mathrm{d}t}\right|_{\mathrm{iso}} \tag{5.9}$$

在相同的保载时间内，启动保载阶段的应力松弛大于恒定最高温度保载阶段的应力松弛(图 5.2)。

机组停机过程中，温度随时间下降，弹性模量升高。此过程中，机组设备表面受到拉载荷作用(图 4.3(c))，应力速率为

$$\left(\frac{\mathrm{d}|\sigma|}{\mathrm{d}t}\right)_{\mathrm{TMF},停机}=\left|\frac{\mathrm{d}E}{\mathrm{d}T}\cdot\frac{\mathrm{d}T}{\mathrm{d}t}\right|\cdot\left(\frac{|\sigma_0|}{E_0}-|\varepsilon_\mathrm{c}|\right)-E\cdot\frac{\mathrm{d}|\varepsilon_\mathrm{c}|}{\mathrm{d}t} \tag{5.10}$$

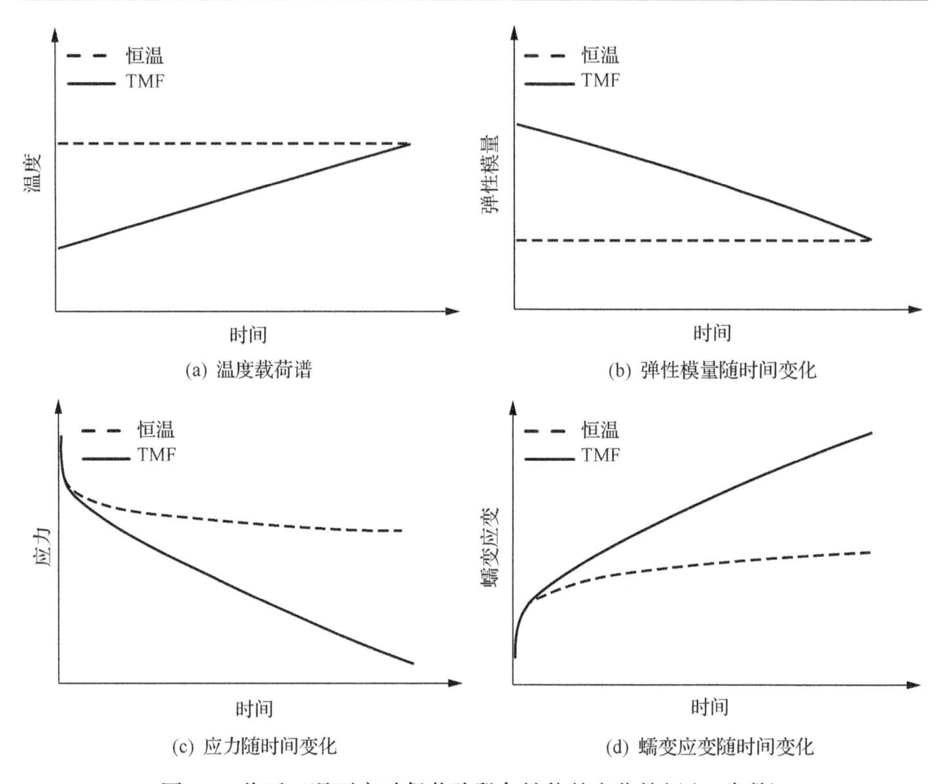

图 5.2　临近工况下启动保载阶段各性能的变化特征(ε_t=常数)

如果

$$\left|\frac{\mathrm{d}E}{\mathrm{d}T}\cdot\frac{\mathrm{d}T}{\mathrm{d}t}\right|\cdot\left(\frac{|\sigma_0|}{E_0}-|\varepsilon_\mathrm{c}|\right)-E\cdot\frac{\mathrm{d}|\varepsilon_\mathrm{c}|}{\mathrm{d}t}<0 \tag{5.11}$$

那么在这种情况下，虽然图 5.3(c)过程 I 的应力还是呈松弛降低，但松弛速率低于以最高运行温度 $T_{运行}$稳定运行的恒温保载过程的应力松弛速率，即

$$\left|\frac{\mathrm{d}\sigma}{\mathrm{d}t}\right|_{\mathrm{TMF},停机,\mathrm{I}}<\left|\frac{\mathrm{d}\sigma}{\mathrm{d}t}\right|_{\mathrm{iso}} \tag{5.12}$$

因此在相同的保载时间内，启动保载阶段的应力松弛程度低于恒定最高温度保载阶段的应力松弛。

由于蠕变速率随温度的降低而下降，直到

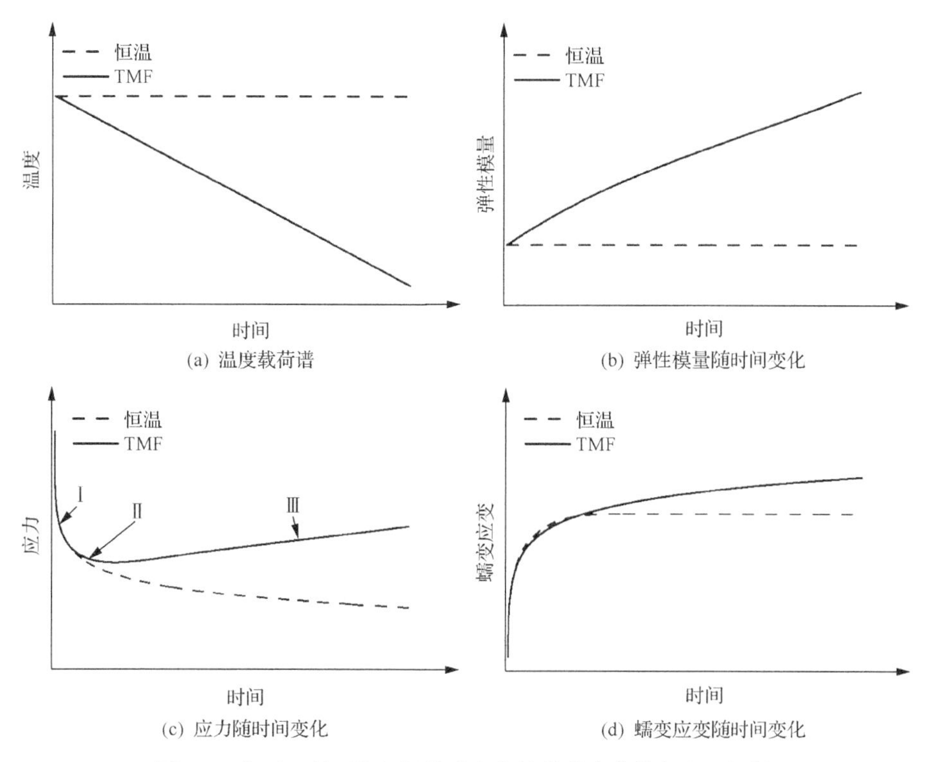

图 5.3　临近工况下停机保载阶段各性能的变化特征(ε_t=常数)

$$\left|\frac{\mathrm{d}E}{\mathrm{d}T}\cdot\frac{\mathrm{d}T}{\mathrm{d}t}\right|\cdot\left(\frac{|\sigma_0|}{E_0}-|\varepsilon_c|\right)-E\cdot\frac{\mathrm{d}|\varepsilon_c|}{\mathrm{d}t}=0 \tag{5.13}$$

即

$$\left(\frac{\mathrm{d}\sigma}{\mathrm{d}t}\right)_{\text{TMF,停机,II}}=0 \tag{5.14}$$

此时，应力随时间的速率达到最小值。在这个瞬时，应力保持恒定不再松弛下降(图 5.3(c)过程Ⅱ)。

随着温度的继续下降，弹性模量的持续增大(图 5.3(c)过程Ⅲ)，则

$$\left|\frac{\mathrm{d}E}{\mathrm{d}T}\cdot\frac{\mathrm{d}T}{\mathrm{d}t}\right|\cdot\left(\frac{|\sigma_0|}{E_0}-|\varepsilon_c|\right)-E\cdot\frac{\mathrm{d}|\varepsilon_c|}{\mathrm{d}t}>0 \tag{5.15}$$

那么应力不再随时间松弛下降，而是随时间的增长开始增大(图 5.3(c))，即

$$\left(\frac{\mathrm{d}\sigma}{\mathrm{d}t}\right)_{\mathrm{TMF},停机,\mathrm{III}} > 0 \tag{5.16}$$

总之，机组启动过程中设备材料所受应力随时间连续松弛下降。应力松弛幅度随启动温度的降低而增大，且大于恒定运行温度下的应力松弛幅度。而停机过程中，应力随时间先松弛降低后升高。由此分析计算所得出的应力应变关系特征与第 4 章的试验结果相一致。

在保载过程中，应力随时间变化关系的描述中除了借助应力恒定的蠕变曲线的同时还需借助强化假说。如第 3 章所述，蠕变曲线可以借助不同的方程(例如 Norton-Bailey 方程和 Garofalo 方程等)描述。其中，Norton-Bailey 方程含有的材料参数较少，目前被广泛应用于工程设计中。另外很多研究表明对于发电机组常用耐热钢，在目前的工程设计和分析研究中，应变强化假说可以很好地描述恒温保载过程的应力松弛性质[29,31,57]。因此在复杂的 TMF 运行工况下，本书将 Norton-Bailey 蠕变方程结合应变强化假说，描述保载过程中材料的应力应变关系。

在保载过程中，应力松弛的程度取决于作用在材料上的瞬时真实应力 σ_{eff}。此应力可由作用在材料上的瞬时外应力 σ 和材料的瞬时内应力 σ_{i} 得出

$$\sigma_{\mathrm{eff}} = \sigma - \sigma_{\mathrm{i}} \tag{5.17}$$

式中，内应力 σ_{i} 为此刻温度下循环迟滞环的平均应力，具体数据的描述方法见图 5.5。

2. 拉压阶段应力应变关系的建立

由于金属短时记忆效应，运行工况下机组部件材料拉压阶段的应力应变走势始终追踪与之相应的虚拟外迟滞环 $f(T)$。如图 5.4 所示，材料经过稳定运行(2—2′)或空载(4—4′)恒温保载过程后，再受到拉伸或者压缩时，应力应变首先追踪到虚拟外迟滞环上(2′—2″或 4′—4″)，然后继续沿着外迟滞环拉伸(2″—3)或压缩(4″—1)直到所给定的应变值。外迟滞环由上下两条侧曲线组成，它们是循环拉伸曲线的两倍。外迟滞环的最大最小拐点位于由坐标原点出发的循环拉伸曲线上[58](图 5.4)，两拐点间的距离为有效载荷幅 $\Delta\varepsilon_{\mathrm{eff}}$ 或 $\Delta\sigma_{\mathrm{eff}}$。然而研究显示，有些机组设备常用材料(例如 1Cr 耐热钢)，当长时或超长时承载于运行阶段后，再进行拉伸时应力应变无法追踪到外迟滞环上，而是产生一定的应力下降[59]。这可能是由于金属的短时记忆效应会随着应力

松弛时间的增长而逐渐减退，此时受损的材料不能达到应力松弛前的强度。当前的材料数学模型对这种现象还无法很好地描述，需要在后续的研究中深入开展。

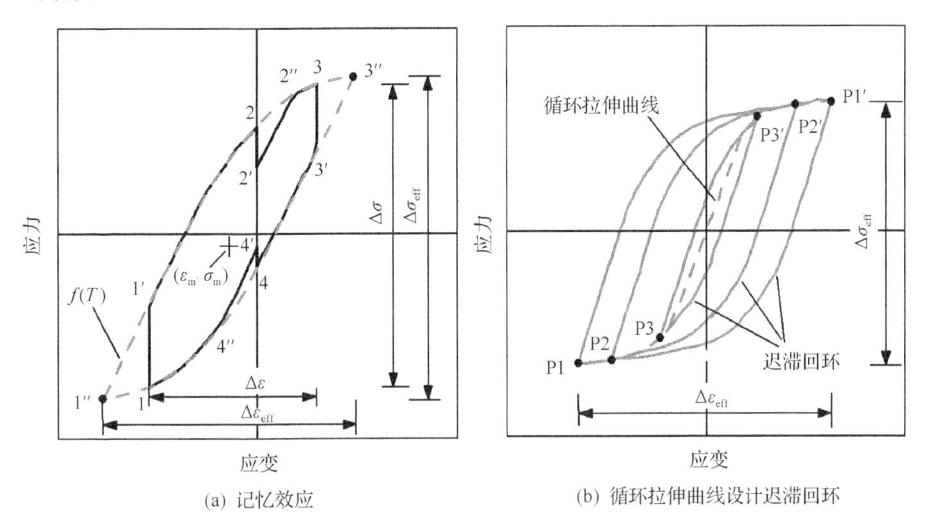

图5.4　恒温应力应变关系的建立

3. 应力应变关系的合成

依据如图4.3c所示的临近工况载荷谱，机组设备材料首先由原始状态在启动温度 $T_{启动}$ 下受压直到设备温差消失时所达到的最大压应变，即由坐标轴原点开始以 $T_{启动}$ 温度恒温压缩到最大压应变值 ε_1(图5.5)。然后随启动温度 $T_{启动}$ 逐渐升高到运行温度 $T_{运行}$ 的保载过程中(启动保载)，应力由点1松弛下降到点1′。保载阶段的应力松弛特征的数学描述方法详见5.1.1.1。应力松弛起点1位于温度为设备启动温度 $T_{启动}$ 的虚拟迟滞环 $f(T_{启动})$(1‴—3‴—1″)的下侧曲线(3‴—4—4″—1—1″)上，如图5.5所示。应力松弛终点1′位于温度为设备运行温度 $T_{运行}$ 的虚拟迟滞环 $f(T_{运行})$(1‴—3″—1‴)的上侧曲线(1‴—1′—2—2″—3—3″)上。同理，运行保载起点2和停机保载点3位于温度为设备运行温度 $T_{运行}$ 的虚拟迟滞环的上侧曲线(1‴—1′—2—2″—3—3″)上，停机保载终点3′和空载保载起点4位于温度为设备启动温度 $T_{启动}$ 的虚拟迟滞环的下侧曲线(3‴—3′—4—4″—1—1″)上。图5.4(a)中虚拟迟滞环由该温度下循环拉伸曲线的两倍关系确定，其中，循环拉伸曲线可利用Ramberg-Osgood方程(式(3.4))描述。当 N=1 时，应力应变关系是由坐标原点出发的拉伸曲线。曲线达到所给定的应变值 ε_1 时进入启动保载阶段，应力开始由 σ_1 松弛下降到 $\sigma_{1'}$。启动保载阶段结束后，由保载终点 $\sigma_{1'}$ 与运行温度 $T_{运行}$的弹性模量 $E(T_{运行})$，可以确定运行温度 $T_{运行}$的虚拟迟滞回线 $f(T_{运行})$下拐点 1‴以及受压载荷下所产生的塑性应变值 $\varepsilon_{d,pl,N=1}$。以此塑性应变值 $\varepsilon_{d,pl,N=1}$ 和启动温度 $T_{启动}$下的弹性模量 $E(T_{启动})$确定虚拟迟滞回线 $f(T_{启动})$的下拐点 1″的 $\sigma_{1''}$。虚拟迟滞回线 $f(T_{启动})$的上拐点 3‴通过停机保载终点 3′和该温度下的弹性模量 $E(T_{启动})$确定。同理，以点 3‴和点 3′所确定的塑性应变 $\varepsilon_{pl,N=1}$ 为基准，确定运行温度 $T_{运行}$的虚拟迟滞环 $f(T_{运行})$的上拐点 3″。运行阶段保载结束后，终点 2′到点 2″的关系曲线是该寿命周期下，经过点 2′的拉伸曲线，其中拉伸曲线的起点为 σ_2 产生的塑性形变 $\varepsilon_{d2,pl}$(图 5.5)。类似的，可以得到点 4′到点 4″在启动温度 $T_{启动}$下的关系曲线。由于塑性应变在空载时不可消失，因此上述两温度下虚拟迟滞环在零载荷(应力为零)时应具有相同的塑性形变 $\varepsilon_{pl,\sigma=0}$。第 N 个周期的虚拟迟滞环的建立，以第$(N-1)$个周期所产生的塑性形变 $\varepsilon_{pl,\sigma=0,N=1}$ 为基准。

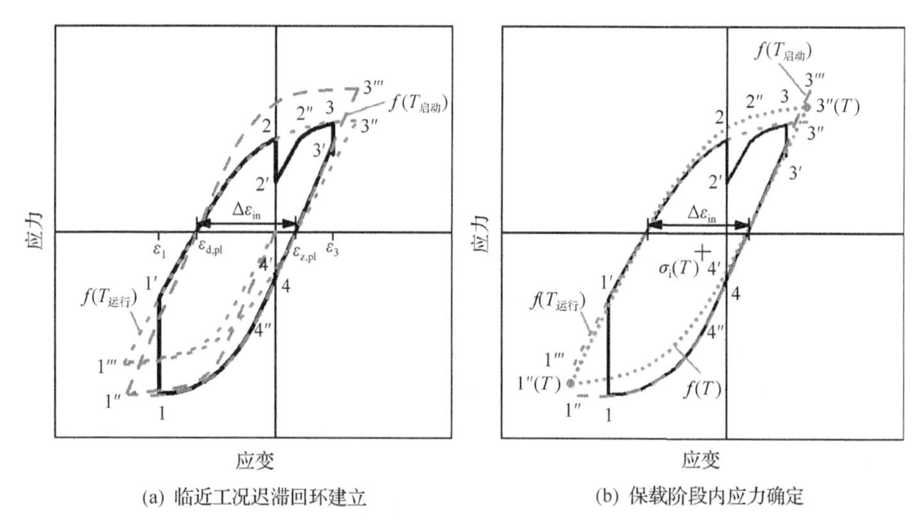

(a) 临近工况迟滞回环建立 (b) 保载阶段内应力确定

图 5.5 临近工况应力应变关系建立

启动或者停机过程中材料的瞬时内应力 σ_i，在数值上与此瞬时温度下的虚拟迟滞环的平均应力相同。4 个保载过程的起点和终点时刻的瞬时内应力 σ_i，由表 5.1 所给出的关系式确定[59]。

表 5.1　保载阶段起终点内应力

保载阶段	起点	终点
启动保载(保载 1)	$(\sigma_{3''}+\sigma_1)/2$	$(\sigma_{3'}+\sigma_{1''})/2$
运行保载(保载 2)	$(\sigma_{1''}+\sigma_2)/2$	$(\sigma_{1''}+\sigma_{2'})/2$
停机保载(保载 3)	$(\sigma_{1''}+\sigma_3)/2$	$(\sigma_{1'}+\sigma_{3''})/2$
空载保载(保载 4)	$(\sigma_{3''}+\sigma_4)/2$	$(\sigma_{3''}+\sigma_{4'})/2$

注：″和‴分别代表图 5.5 中对应的点的应力值。

保载阶段应力松驰过程中某一时刻 t 的内应力 $\sigma_{\mathrm{i}}(T,t)$，通过此时刻温度 T 的虚拟迟滞环来确定。如图 5.5(b)所示，启动保载过程中温度 T 时的瞬时内应力 $\sigma_{\mathrm{i},T}$ 由虚拟迟滞环 $f(T)$ 的两拐点 $1''(T)$ 和 $3''(T)$ 应力的平均值确定，即

$$\sigma_{\mathrm{i}}(T,t)=\sigma_{1''}(T,t)-\sigma_{3''}(T,t) \tag{5.18}$$

式中，$\sigma_{\mathrm{i}}(T,t)$ 为保载阶段某时刻 t 的内应力；$\sigma_{1''}(T,t)$ 和 $\sigma_{3''}(T,t)$ 分别为此时刻所建虚拟迟滞环 $f(T)$ 的两拐点的内应力。迟滞环 $f(T)$ 的建立基于此时刻已存在的塑性应变 $\varepsilon_{\mathrm{pl},\sigma=0}$。

5.1.2　损伤分析及寿命预测

全寿命周期曲线，也就是 S-N 曲线，是直接预测发电机组设备材料在蠕变—疲劳载荷下寿命的方法。描述全寿命曲线最常用的方法是 Manson-Coffin 关系式(式(3.1))。

机组的运行环境是变幅、多阶载荷工况，因而直接使用等幅载荷下的全寿命曲线对其进行寿命评估会存在一定的偏差。

线性损伤累积法则是工程中常用的一种评估蠕变疲劳损伤的模型：

$$D=D_{\mathrm{f}}+D_{\mathrm{c}} \tag{5.19}$$

式中，总损伤 D 由疲劳损伤 D_{f} 和蠕变损伤 D_{c} 组成。发电机组部件寿命的评估是以达到所规定的蠕变疲劳临界值 D_{crit} 为失效基准，即当相对疲劳损伤 $\mathrm{D_f}$ 和相对蠕变损伤部分 D_{c} 之和达到蠕变疲劳临界值 D_{crit} 时设备失效。

目前标准中采用的是由 Robinson[30]和 Taira[60]提出的寿命损伤规则(例如 ASME Code N47)。该规则是将周期性失效(疲劳)和时间性失效(蠕变)累积之和，达到材料的蠕变疲劳临界值时的循环周次为寿命值。疲劳损伤可

由 Palmgren[61]和 Miner[62]的计算方法求得

$$D_{\mathrm{f}}=\sum\frac{N}{N_{\mathrm{f}}} \tag{5.20}$$

式中，N 是应变幅为$\Delta\varepsilon$ 载荷下的循环周次；N_{f}为此应变幅下失效时的寿命循环周次。根据不同的载荷工况和影响因素 N_{f}的取值不同，最常见的 N_{f}取值来自等幅无保载下的全寿命曲线(图 3.3)。N_{f}还可以涵盖平均应力、蠕变和疲劳的交互作用等因素对疲劳寿命部分的影响，如果考虑这种影响，则 N_{f}可以取拉压分别保载 3min 的等幅全寿命曲线(图 3.3(b))。蠕变损伤 $\mathrm{D_c}$依据 Robinson 提出的时间性失效(time fraction rule)模型得出

$$D_{\mathrm{c}}=\sum\frac{t}{t_{\mathrm{r}}} \tag{5.21}$$

在(准)恒定载荷下作用 t 时间与此载荷下的寿命时长 t_{r} 之比的累积作为蠕变损伤的评判标准。

除了时间性失效规则，被广泛应用的还有所谓韧性耗竭理论(ductility exhaustion method)，也就是应变失效规则 (strain fraction rule)[63]。该理论最早由 Manson-Coffin[64,65]通过建立循环载荷周期下非弹性应变幅 $\Delta\varepsilon_{\mathrm{in}}$ 与循环寿命 N_{f}两者之间的关系时提出

$$A=\Delta\varepsilon_{\mathrm{in}}\cdot N_{\mathrm{f}}^{\alpha} \tag{5.22}$$

式中，系数 α 为与温度相关的材料参数；A 为此材料在非弹性应变幅 $\Delta\varepsilon_{\mathrm{in}}$ 下的韧性；N_{f}为非弹性应变幅 $\Delta\varepsilon_{\mathrm{in}}$ 下的循环寿命。由此，周期性疲劳损伤 D_{f}可定义为

$$D_{\mathrm{f}}=\sum\frac{\varepsilon_{\mathrm{p}}}{A_{\mathrm{f}}} \tag{5.23}$$

式中，ε_{p}为循环无保载下所产生的塑性应变；A_{f}为该塑性应变 ε_{p} 下的材料韧性，即塑性应变 ε_{p} 与该塑性应变作用下循环寿命 N_{f}的乘积。同理，蠕变损伤 D_{c}定义为

$$D_{\mathrm{c}}=\sum\frac{\varepsilon_{\mathrm{c}}}{A_{\mathrm{c}}} \tag{5.24}$$

式中，ε_c 为(准)恒定应力下所产生的蠕变应变；A_c 为该应力载荷下产生蠕变应变 ε_c 的材料韧性，即蠕变应变 ε_c 与该蠕变应变作用下的寿命时长 t_c 的乘积。

无论是基于时间性失效规则还是基于韧性耗竭理论的寿命模型，均可以较好地预测机组设备的寿命。然而，由于材料的韧性值的确定有一定的难度，因此，韧性耗竭理论方法在工程应用中存在一定的制约。材料的疲劳韧性 A_f 需要通过恒定塑性应变 ε_p 下的无保载拉压试验确定。以当前的测试技术，开展这种恒定塑性应变的疲劳试验存在很大的难度。另外，许多机组设备常用材料的断裂应变(韧性)在低应力超长时($t>10^5$h)载荷下反而会增大，由此给利用外推法确定材料蠕变韧性(断裂应变)带来了很大的困难[59]。结合疲劳损伤分析的 Palmgren-Miner 方程(式(5.20))，总体上使用时间性失效规则预测的寿命结果比较保守[66-68]，使用韧性耗竭理论预测的寿命结果过于保守[66-70]。因此，需要基于蠕变和疲劳过程的微观损伤机理对这两种寿命数学模型进行优化。

为了考虑蠕变与疲劳的交互作用以及频率和保载时长对寿命的影响，Manson 及其团队提出了应变幅分割法(strain range partitioning method)[71]。该方法将应力应变迟滞回环的非弹性应变分解成由“塑性–塑性”“塑性–蠕变”“蠕变–塑性”和“蠕变–蠕变”4 种基本形式的模块。这 4 个基本形式涵盖了与时间无关的塑性形变和与时间相关的蠕变或松弛形变，同时还区分了形变方向(拉或压)。以这 4 种基本循环形式的循环寿命为基础，通过“塑性–蠕变”和“蠕变–塑性”2 种基本循环的寿命考虑疲劳与蠕变的交互作用，结合损伤累积理论来进行寿命分析预测。循环载荷拆分及确定 4 种基本循环寿命的大量试验工作十分耗时，给应变幅分割法的应用带来了诸多不便。另外，该方法主要适用于大应变短时载荷下的寿命预测，而不能很好地适用于机组设备受载的长时工况，因此该方法在工程设计中的使用受到了制约。

线性损伤累积理论具有简单易使用的特点，常用于发电机组设备运行过程中寿命损耗的评估、汽轮机组技术规程的优化以及机组设备监控。然而，传统的线性损伤累计理论将疲劳损伤和蠕变损伤分别考虑并直接叠加，不考虑载荷作用次序的影响，也忽略了二者之间的交互作用。本书结合机组设备材料的受载工况，从微观损伤机理角度出发，考虑疲劳与蠕变之间的交互作用，对线性损伤累计模型进行修正。

依据机组设备载荷谱(图 4.3c)，将线性损伤累积模型变形为

$$D_{\text{crit}} = \sum_{l=1}^{N_{\text{f}}} \left(\frac{1}{N_{\text{fo},l}} + \sum_{k=1}^{K} \sum_{j=1}^{J} \frac{\Delta t_{l,k,j}}{t_{u,l,k,j}} \right) \tag{5.25}$$

式中，$N_{\text{fo},l}$表示第 l 循环的参考疲劳寿命，它包含了疲劳与蠕变交互作用和平均应力对寿命的影响；$\Delta t_{l,k,j}$表示第 l 循环中第 k 个保载过程第 j 个时间段的时长；$t_{\text{r},l,k,j}$ 表示与 $\Delta t_{l,k,j}$ 时长内的平均应力所对应的材料蠕变寿命。从第一个循环(l=1)开始，依此将每个单一循环的疲劳损伤 $1/N_{\text{fo},l}$ 与蠕变损伤 $\Delta t_{l,k,j}/t_{\text{r},l,k,j}$ 累积叠加直到给定的蠕变疲劳临界损伤值，此时的循环数 N_{f}(l=N_{f})为该工况下的寿命。

参考疲劳寿命 N_{fo} 通过式(5.26)确定

$$N_{\text{fo}} = N_{\text{f,th}} \cdot \nu_{\sigma} \tag{5.26}$$

式中，ν_{σ}为平均应力对寿命的影响系数。TMF 载荷下的疲劳寿命 $N_{\text{f,th}}$通过循环中最高温度下的寿命 $N_{\text{f,th}}$(T=$T_{\max}$)和循环中最低温度下的寿命 $N_{\text{f,th}}$(T=$T_{\min}$)确定

$$\frac{1}{N_{\text{f,th}}} = \frac{1}{N_{\text{f,th}}(T = T_{\max})} + \frac{1}{N_{\text{f,th}}(T = T_{\min})} \tag{5.27}$$

启停过程中，机组设备在大应变载荷下，应力从较高的水平开始随时间松弛下降。在较高应力水平作用下，设备材料的损伤表现为疲劳穿晶形式。随着应力水平的下降，损伤由穿晶形式逐渐转换为蠕变延晶形式(图 5.6)。由此，在损伤模型(式(5.25)中，启停保载过程中穿晶形式的损伤计入疲劳部分，以机械应变幅 $\Delta\varepsilon$ 和过渡时间 t_{tr} 来修正参考疲劳寿命 N_{fo}[58,59,72](图 5.7)。当载荷超过一定幅值时，大幅拉伸或压缩所引起保载过程的损伤为穿晶形式，此过程的损伤将计入疲劳部分。当载荷低于一定幅值时，保载过程不再受到拉压的影响，其损伤为延晶形式，此时的损伤全部计入蠕变部分。当载荷处于两幅值之间得过渡区域时，过渡时间 t_{tr} 之前计入疲劳损伤部分，保载过程剩余部分计入蠕变损伤。对于机组设备，典型的过渡时间 t_{tr} 为 3min。机组设备常用 1Cr 耐热钢，当机械应变幅 $\Delta\varepsilon$＜0.36%时，过渡时间 t_{tr} 为零；当机械应变幅 $\Delta\varepsilon$＞0.44%时，过渡时间 t_{tr} 为整个启动保载时长 $t_{\text{启动}}$；当机械应变幅

0.36%＜$\Delta\varepsilon$＜0.44%时，过渡时间 t_{tr} 为 3min。此时，疲劳寿命 $N_{f,th}$ 是保载时长为 t_h 时的循环寿命 $N_{f,th}$（$t_h=2t_{tr}$）。

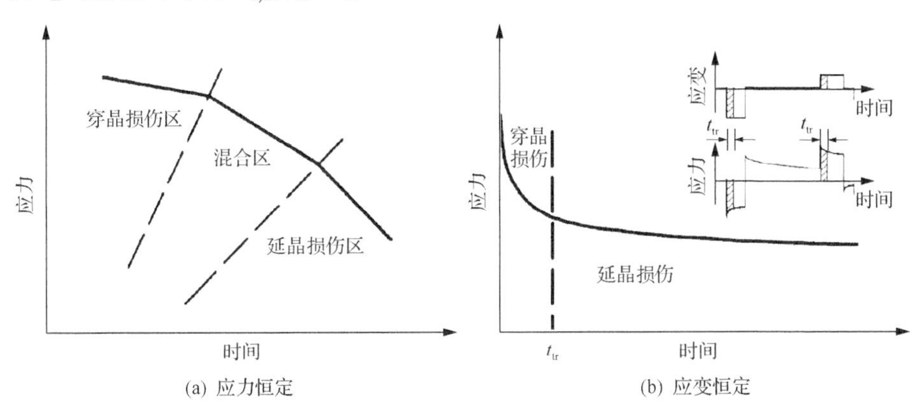

图 5.6　应力水平与蠕变损伤类型的关系

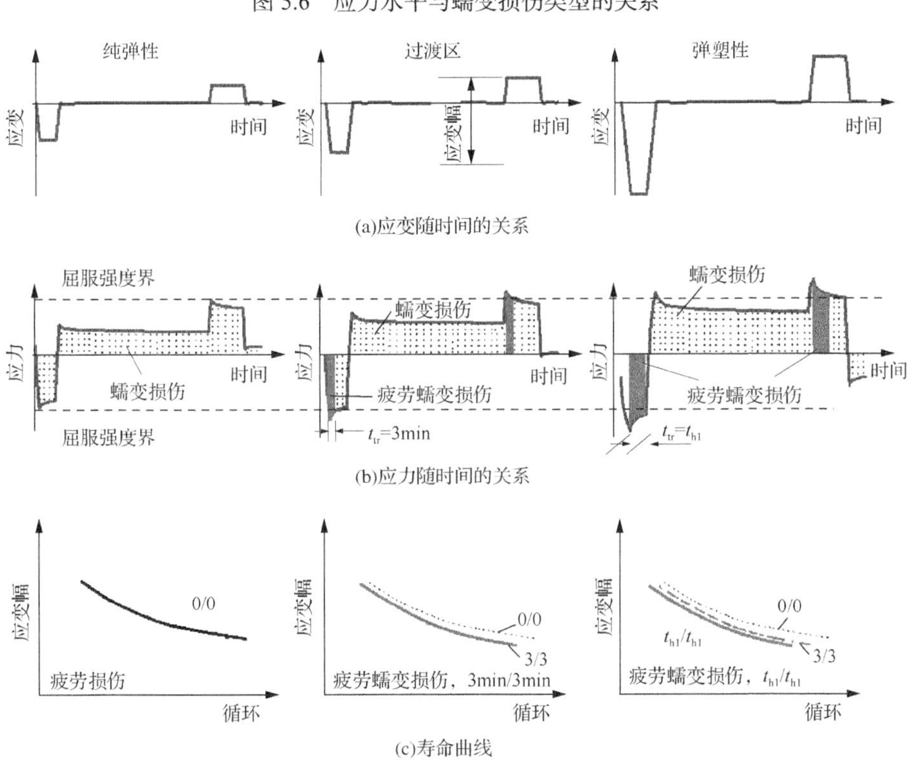

图 5.7　保载过程中疲劳与蠕变的交互作用

平均应力系数 ν_σ 为有平均应力($\sigma_m \neq 0$)拉压无保载疲劳寿命和无平均应力($\sigma_m=0$)的比值：

$$\nu_\sigma = \frac{N_{f,th}\left(\sigma_m \neq 0, \Delta\varepsilon_{eff}\right)}{N_{f,th}\left(\sigma_m = 0, \Delta\varepsilon_{eff}\right)} \tag{5.28}$$

式中，$\Delta\varepsilon_{eff}$ 为所建虚拟迟滞回线应变幅(图 5.4)。有平均应力的疲劳寿命 $N_{f,th}(\sigma_m \neq 0, \Delta\varepsilon_f)$ 由 Smith-Watson-Topper 参数 P_{SWT} 确定[73]

$$P_{SWT} = \sqrt{\left(\frac{\Delta\sigma_{eff}}{2} + \sigma_m\right) \cdot E \cdot \frac{\Delta\varepsilon_{eff}}{2}} \tag{5.29}$$

式中，$\Delta\sigma_{eff}$ 和 $\Delta\varepsilon_{eff}$ 分别为所建虚拟迟滞回线的应力幅和应变幅(图 5.4)；σ_m 为循环平均应力；E 为弹性模量。

机组长时运行阶段和启停阶段经过过渡时间后，剩余时间产生的损伤计入蠕变损伤。在该损伤计算中，材料蠕变寿命 t_r 取自蠕变寿命曲线。该曲线可由第 4 章的 Lason-Miller 归一化方法，通过大量静态载荷下的标准蠕变试验确定。

除了上述寿命影响因素外，还有一些其他影响疲劳-蠕变交互作用的因素。因此，设备材料失效时累积达到的蠕变疲劳临界值 D_{crit} 通常小于 1。蠕变疲劳临界值通过材料的临近工况载荷试验确定。发电机组常用设备 1Cr 钢的蠕变疲劳临界值约为 0.53，12Cr 钢的蠕变疲劳临界值约为 0.93，10Cr 钢的蠕变疲劳临界值约为 0.68。

5.2 材料本构模型

材料本构模型是以通过内变量相互耦合的微分方程来描述材料的力学特征和损伤特征。Chaboche 模型[74,75]作为统一粘塑性本构材料模型的典型代表，在电厂机组设备分析中得到广泛应用。应用于高温领域的很多材料模型都是在 Chaboche 模型的基础上衍生而来(例如 Ohno-Wang 模型[76-79])。Chaboche 模型由于没有包含损伤变量，在材料形变、损伤和循环软化交互作用的描述方面有一定的局限性[75]。Tsakmakis 以广义能量等效原理为基础，将各向同性损伤变量 D 引入 Chaboche 模型。

总应变 $\boldsymbol{E}$ 在非常小的形变时可以分解成弹性应变和塑性应变的累加：

$$\boldsymbol{E} = \boldsymbol{E}_{\mathrm{e}} + \boldsymbol{E}_{\mathrm{p}} \tag{5.30}$$

对于各向同性材料，由胡克定理可建立应力张量 $\boldsymbol{T}$ 与弹性刚度张量 $\boldsymbol{C}$ 和弹性应变 $\boldsymbol{E}_{\mathrm{e}}$ 之间的关系

$$\boldsymbol{T} = (1-D)\cdot \boldsymbol{C}[\boldsymbol{E}_{\mathrm{e}}] \tag{5.31}$$

$$\boldsymbol{C}[\boldsymbol{E}_{\mathrm{e}}] = \boldsymbol{C}_{ijkl}\boldsymbol{E}_{\mathrm{e}kl} \tag{5.32}$$

式中，i、j、k 和 l 为自然数；D 为损伤变量。相对于无损伤材料，在已受损的材料上会由于引起微小应力。

有效应力 f 可定义为应力张量 $\boldsymbol{T}$ 与随动强化(kinematic hardening)背应力(back stress)张量 $\boldsymbol{\xi}$ 差值的偏量：

$$f = \sqrt{\frac{3}{2}\frac{(\boldsymbol{T}-\boldsymbol{\xi})^{D}}{\sqrt{1-D}} : \frac{(\boldsymbol{T}-\boldsymbol{\xi})^{D}}{\sqrt{1-D}}} \tag{5.33}$$

式中，$()^{D}$ 表示张量的偏量；(:)表示二阶张量的乘积。有效应力 f 与屈服应力 k_0 之间的差值为塑性形变的过应力 F：

$$F = f - k_0 \tag{5.34}$$

塑性应变率张量 $\dot{\boldsymbol{E}}_{\mathrm{p}}$ 表示为

$$\dot{\boldsymbol{E}}_{\mathrm{p}} = \frac{3}{2}\frac{(T-\boldsymbol{\xi})^{D}}{\sqrt{1-D}\cdot f}\dot{s} \tag{5.35}$$

式中，$\dot{s}$ 为累积塑性应变速率，符合幂函数的特征

$$\dot{s} = \frac{\langle F\rangle^{m}}{\eta} \tag{5.36}$$

$$\langle F\rangle = \frac{1}{2}(F + |F|) \tag{5.37}$$

式(5.36)在描述发电厂设备常用耐热钢(例如 9%～12%Cr 钢)的塑性形变时存在一定的不足[81]。由此，使用修正项 $\mathrm{e}^{a\cdot F^{d}}$ 将式(5.36)扩展，以便描述电厂设备常用耐热钢在更广载荷范围的力学性能[50,56]：

$$\dot{s}=\frac{\langle F\rangle^{m}}{\eta}\cdot \mathrm{e}^{a\cdot F^{d}} \tag{5.38}$$

式中，m、η、a 和 d 为材料参数。式(5.38)涵盖了广的载荷范围，实现了从低到高应力的平滑过渡(图 5.8)。由此，模型可以减少随动强化方程的数量，以减少确定材料参数所带来的大量工作。除此之外，累积塑性应变 s 还可以采用双曲正弦函数描述，并在 P91 钢上通过了大量循环和非循环高温载荷试验的校准和验证[81]。

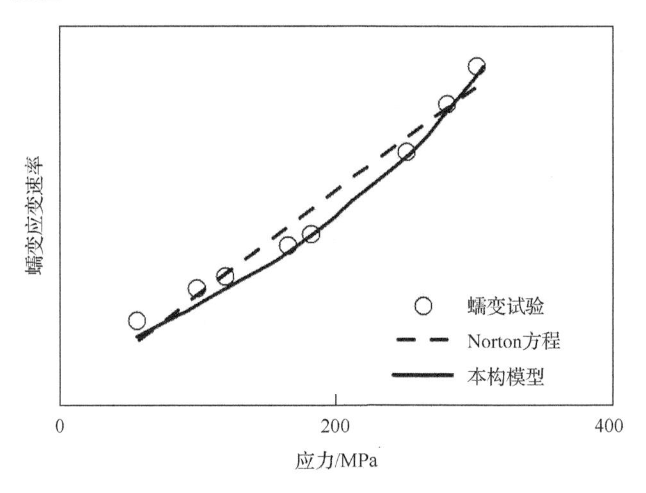

图 5.8　对比蠕变应变速率的模拟结果与试验结果(材料：10Cr)

随动强化应变张量 $\boldsymbol{Y}$ 的演变遵循 Armstrong-Frederick 硬化规则[82]，并涵盖高温蠕变的静态回复特征：

$$\dot{\boldsymbol{Y}}=\dot{\boldsymbol{E}}_{\mathrm{p}}-B\cdot b\sqrt{1-D}\boldsymbol{Y}\dot{s}-p\boldsymbol{Y} \tag{5.39}$$

式中，b 和 p 是材料参数；第二项 $B\cdot b\sqrt{1-D}\boldsymbol{Y}\dot{s}$ 为动态回复项；第三项 $p\boldsymbol{Y}$ 为高温蠕变静态回复项。动态回复项中的标量参数 B 可表达为以累积塑性应变 s 为函数的标量方程：

$$B(s)=B_1+(1-B_1)\mathrm{e}^{-B_2\cdot s} \tag{5.40}$$

式中，B_1 和 B_2 分别为材料参数。$B_1>1$ 表示循环软化，$B_1<1$ 表示循环硬化。

随动强化背应力张量 $\boldsymbol{\xi}$ 与随动强化应变张量 $\boldsymbol{Y}$ 之间满足参数 c 的标量比例关系式：

$$\boldsymbol{\xi} = (1 - D) \cdot c\boldsymbol{Y} \tag{5.41}$$

粘性本构模型中塑性应变的表达式为幂函数形式(式(5.36))或者改进幂函数形式(式(5.38)),唯真模型中所采用的 Norton 蠕变应变表达式(式(2.1))也同为幂函数形式，然而两者的适用范围却有很大的区别。本构方程中的塑性应变表达式适用于所有非弹性应变区域，而唯真模型中的 Norton 方程仅适用于与时间有关的非弹性应变，也就是所谓的蠕变应变。另外，以单轴蠕变试验情况为例，唯真模型中所采用的 Norton 蠕变方程中的应力 σ 为作用于试样上的应力，它是恒定不变的。区别于这个恒定应力 σ，式(5.36)中的过应力 F 定义为施加在试样上的应力与背应力的差值。过应力 F 不会保持恒定不变，而是随着背应力的增加而降低。因此，在蠕变的初级阶段，蠕变速率会随着过应力的降低而减慢，直到背应力达到最大值。此时，应变速率也达到最小值。随后，由于背应力已达到最大值而不再增大，过应力因此也接近恒定，应变随时间则以最小应变速率稳定增长(蠕变的次级阶段)。进入蠕变第三阶段后，应变速率随损伤累积呈指数性快速增加。因此，材料本构模型对于蠕变性能的描述考虑全部 3 个阶段的特性，而唯真模型中所采用的 Norton 方程仅考虑了蠕变次级阶段的形变关系(图 5.8)。

总损伤 D 由疲劳损伤 D_{f} 和蠕变损伤 D_{c} 两部分叠加：

$$\dot{D} = \dot{D}_{\mathrm{f}} + \dot{D}_{\mathrm{c}} \tag{5.42}$$

将由表面萌生裂纹的损伤归为疲劳损伤 D_{f}，且与累积塑性应变速率 $\dot{s}$ 有关：

$$\dot{D}_{\mathrm{f}} = A_{\mathrm{f}} \cdot \frac{1 + a_{\mathrm{f}} \cdot (R_{\mathrm{v}} - 1)}{R_{\mathrm{v}}} \cdot \dot{s} \tag{5.43}$$

式中，a_{f} 和 A_{f} 为比例系数；R_{v} 是多维效应系数。参数 a_{f} 控制多轴应力状态对疲劳损伤演化的影响。在单轴应力状态(R_{v}=1)，疲劳损伤演化 $\dot{D}_{\mathrm{f}}$ 与累积塑性应变速率 $\dot{s}$ 以比例系数 A_{f} 成线性正比关系。多维效应系数 R_{v} 的表达为

$$R_{\mathrm{v}} = \frac{2}{3}(1+\nu) + 3(1-2\nu)\left(\frac{\sqrt{\frac{2}{3}\boldsymbol{T}^{D} : \boldsymbol{T}^{D}}}{\frac{1}{3}\operatorname{trace}\left(\boldsymbol{T}^{D}\right)}\right)^{2} \tag{5.44}$$

式中，ν 为泊松比；trace(　)表示矩阵的迹。

蠕变损伤演化 $\dot{D}_c$ 可通过 Kachanov-Rabotnov[83,84]各向同性损伤关系进行描述：

$$\dot{D}_{\mathrm{c}}=\left(\frac{\sigma^{*}}{A_{\mathrm{c}}}\right)^{k_{\mathrm{c}}}\cdot(1-D)^{-r_{\mathrm{c}}} \tag{5.45}$$

式中，A_{c}、k_{c} 和 r_{c} 为材料系数；σ^{*}为虚拟应力，可通过修正应变能释放率 Y^{*} 导出：

$$\sigma^{*}=(1-D)\cdot\sqrt{2E\cdot Y^{*}} \tag{5.46}$$

$$Y^{*}=(\boldsymbol{E}_{\mathrm{e}}:\boldsymbol{T})\cdot\frac{1+a_{\mathrm{c}}\cdot(R_{\mathrm{v}}-1)}{R_{\mathrm{v}}}+(\boldsymbol{\xi}:\boldsymbol{Y}) \tag{5.47}$$

式中，E 为弹性模量。Y^{*}是通过附加一项控制多轴应力状态对蠕变损伤演化影响的比例系数 a_{c} 将应变能释放率进行修正。当 $0\leqslant a_{\mathrm{c}}<1$ 时，在与单轴蠕变试验($R_{\mathrm{v}}=1$)具有相同的等效应力下，多轴应力状态减小了对蠕变损伤发展的负面影响。

本构模型中的损伤变量 D 是在损伤各向同性的前提下推导出的。由于疲劳裂纹的演变往往不是各向同性的，因此，以上损伤模型仅适用于裂纹萌生寿命的预测。发电机组常用设备 10Cr 钢裂纹萌生时的蠕变疲劳临界值约为 0.26。

本构模型中材料参数的确定分为两步：第一步，利用单轴蠕变试验和高温标准拉压试验(low cyclic fatigue, LCF)确定材料形变参数；第二步，确定损伤参数。蠕变曲线的第三阶段在工程中列入损伤部分，参数 a_{c}、r_{c} 和 k_{c}(式(5.45))以这个阶段的数据来确定：参数 a_{c} 表明多轴应力状态对蠕变损伤敏感性，通过相同等效应力下单轴载荷蠕变寿命与双轴载荷蠕变寿命的比值关系来确定；参数 a_{f} 通过高温双轴载荷下的拉压疲劳试验确定。材料的高温低周疲劳特征中，应力随循环线性下降的部分被认为是疲劳损伤。而应力随循环数在开始阶段的非线性下降或上升为材料的循环软化或硬化应力特征，在模型中通过函数 $B(s)$ 描述(图 5.9)。在对于 9%～12%Cr 马氏体结构钢高温下力学特性的描述方面，Schemmel[85]首先在随动强化方程中加入了静态回复相来体现塑性形变与时间之间的相关性(蠕变)，其次通过对等向强化(isotropic hardening)演化方程的修正，使模型可以描述马氏体结构钢高温下的循环软化特性。然而各向等向强化的内变量随着塑性形变的累加会趋于饱和，也就是说，该模型只能描述图 5.9 中应力幅随低周期循环数增长而下降过程中的区域 B，而应力线性减少的区域 D 则无法描述。Aktaa 等[86,87]用两组等向强化演化方程描述循环软化，在非线性方程的基础上增加了一个线性演化方程，可以同时描述区域 B 和区域 D。然而，Aktaa 模型中的损伤变量是孤立的，不像 Schemmel 模型那样实现同随动硬化和等向硬化的耦合。与上述观点相反，Fournier 等[88-92]研究认为，该钢种循环软化源于随动强化中(kinematic hardening)背应力的降低。因此，Simon[48]在本构模型的建立中，以亚晶粒粗化引起循环软化为依据[93]，将循环软化特性在随动强化的特征描述中展现出来。Simon[56]认为应力幅随低周期循环数降低过程一开始阶段非线性区域(图 5.9 区域 B)的循环软化是由亚晶粒粗化引起的，认为趋于稳定状态的线性下降区域(图 5.9 区域 D)是由材料微小裂纹的生成引起的。通过透射电镜分析可知，现代机组设备钢 10Cr 的宏观循环软化特征与其内部亚晶组织粗化有关[93]。因此，函数 $B(s)$ 中所包含的各参数的取值，应以亚晶粒随循环载荷的粗化为依据。

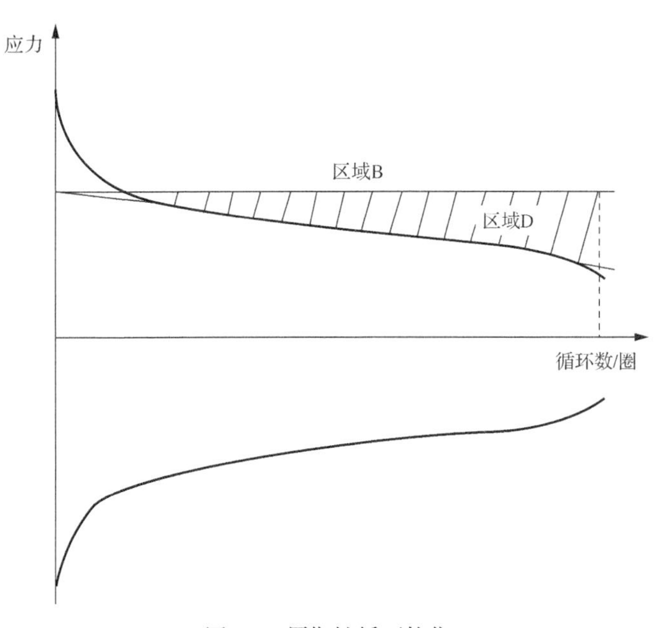

图 5.9　周期性循环软化

第 6 章　机组设备的损伤描述

工况载荷下设备形变与损伤描述是评估剩余寿命、运行方案优化和运行安全监控的重要途径。材料模型作为高效、便捷的方法分析设备关键部位损伤特性，可以大幅减少试验测试数量、缩短试验时长和降低研究成本。本章利用第 5 章建立的两个材料模型，模拟设备关键部位在不同工况载荷下的形变与损伤特性。通过比较试验结果，分析评估模拟结果的可靠性。在对设备部件关键缺口部位的损伤分析中，模型分析结果与相应的试验结果相一致。在机组启动方案的优化设计中，两个模型均可以很好地分析参数改变对设备损伤特性的影响。

6.1　临近工况下设备材料特性描述

6.1.1　单轴临近工况载荷

两种模型可靠性的验证首先从分析计算圆柱形试样在恒温和 TMF 临近工况下的力学形变入手。在设备运行温度 600℃恒温、拉压应变速率为 $10^{-5}s^{-1}$，以及循环总保载时长 1h 载荷下，两个模型的分析计算结果如图 6.1 所示。通过与试验测量结果的比较，发现两种模型都能够较好的重现恒温临近工况载荷下材料在第一个循环和半寿命时的应力应变关系。材料唯真模型可以很好

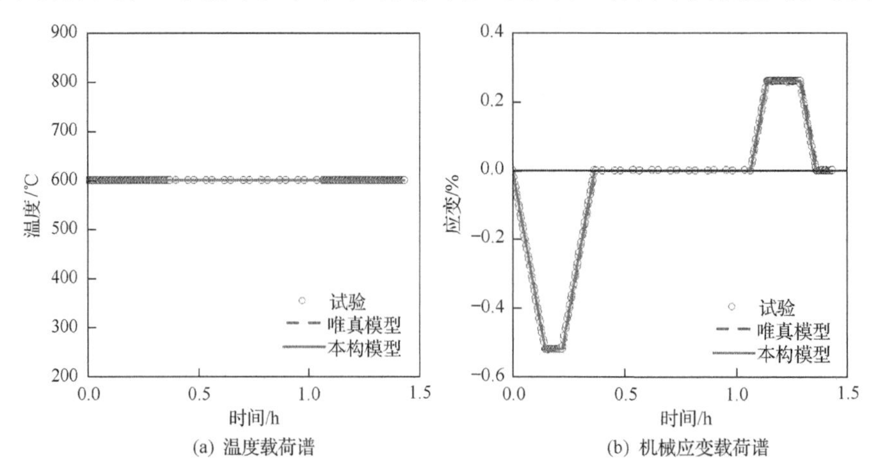

(a) 温度载荷谱　　(b) 机械应变载荷谱

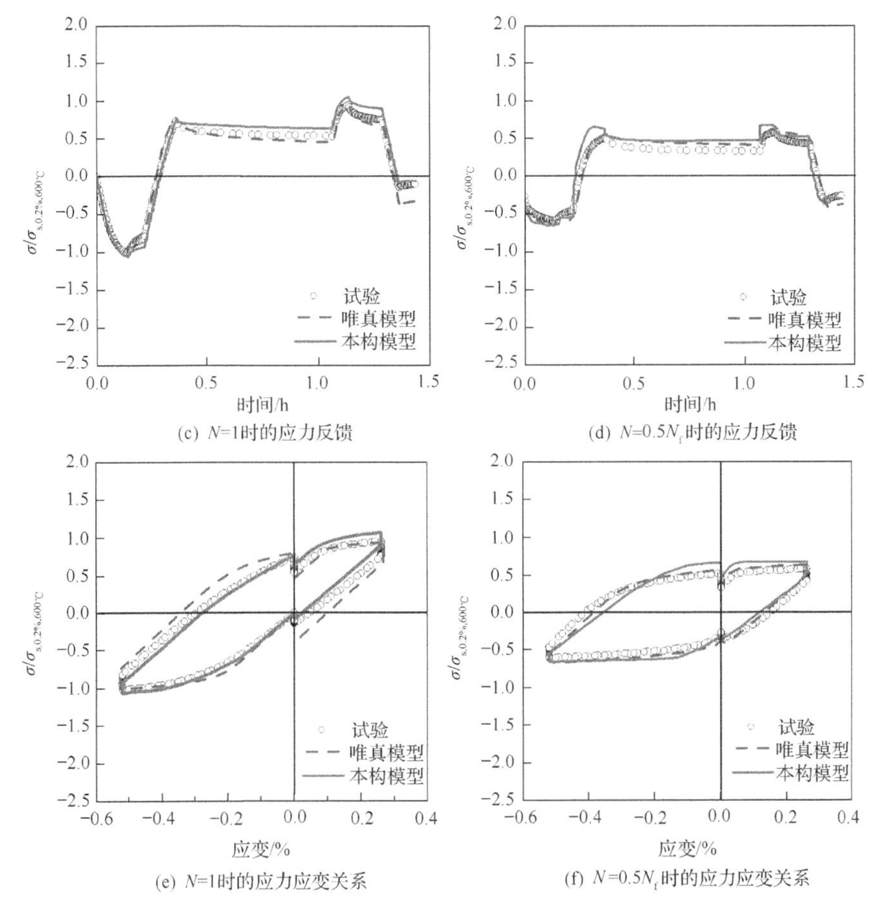

图 6.1　单轴单阶恒温临近工况试验与模拟结果对比

材料：10Cr；保载时长：Σt_h=1h；应变速率：$\dot{\varepsilon}=10^{-5}s^{-1}$；应变幅：$\Delta\varepsilon$=0.78%；温度：$T$=600℃

地描述低应变速率下的拉压关系，而对保载阶段的应力松弛的描述则略显欠缺。虽然唯真模型将拉压特性与松弛(蠕变)特性分别考虑，但对复杂的蠕变特性的描述却采用比较简单的三参数方程。本构模型重现的应力应变迟滞回环比试验结果略偏高，而保载阶段的应力松弛特性则描述得较好。不同于唯真模型，本构模型是将拉压特征和蠕变特征同时描述。在对材料参数确定和优化时，需要同时兼顾这两方面的特性，并且以机组运行主要承受的长时蠕变载荷为主。

对于温度周期性变化的TMF临近工况，除了温度以外，其他的载荷参数与上述的恒温工况相同，即机械应变、应变速率以及循环总保载时长与上述的恒温工况相同，拉压应变速率为$10^{-5}s^{-1}$，循环总保载时长为1h。循环温度采用机组冷启动工况时的温度载荷谱，即温度由启动温度 300℃在启动保载阶段线性升高至运行温度 600℃(保载 1)，然后保持运行温度 600℃直到停机前，停机保载阶段(保载 3)由运行温度 600℃线性回归至空载温度 300℃，最后保持 300℃空载运行(图 4.3(c))。

分析 TMF 临近工况下形变的第一步是对比有限元模型计算得出的温度分布，与试验进行中通过高精度红外测温仪在试样表面所测得的温度分布作比较，两个温度分布相一致(图 6.2)，其中试样测试区域的轴向与径向温度梯度忽略不计。有限元建模采用六节点三角形单元的轴对称网格，节点数和单元数分别为 3511 和 1674。此外，有限元软件 ABAQUS 提供的建立局部“传感器”的用户接口“UAMP”，实现了与试验设置相同的“应变控制”模式。图 6.2 中节点 10 的位置为模型定义的“传感器”位置，也是试验中侧引伸计在试样上的夹装位置。

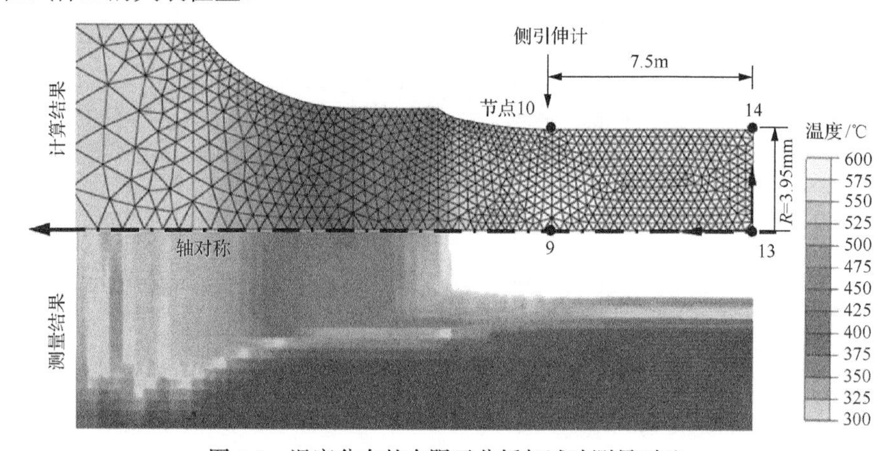

图 6.2　温度分布的有限元分析与试验测量对比

在 TMF 临近工况下，两个模型预测出的材料力学性能关系与试验所测的结果基本相符，其中唯真模型的预测误差较小(图 6.3)。第一个运行周期时，本构模型无法充分模拟运行保载阶段的应力松弛行为。这与模型对非弹性应变的描述仅使用含有背应力的简单随动强化规则有关。在半寿命时，两个模型对低温 300℃压缩过程中材料力学行为的描述存在较大的偏差。其原因是两个模型的材料参数均是通过标准恒温表征试验确定的，没有考虑高温区损伤对低温区性能的影响。如果考虑温度交互的影响因素，使用第 3.4 节的模块化试验确定模型内材料参数，则低温 300℃压缩过程的力学性能描述得到改善(图 6.4)。由于模型对停机保载阶段应力松弛描述的偏差会引起与之衔接的低温压缩曲线的位置，因此模型重现的低温 300℃压缩曲线较试验结果向上平移，启动保载起始应力的位置也受一定影响。

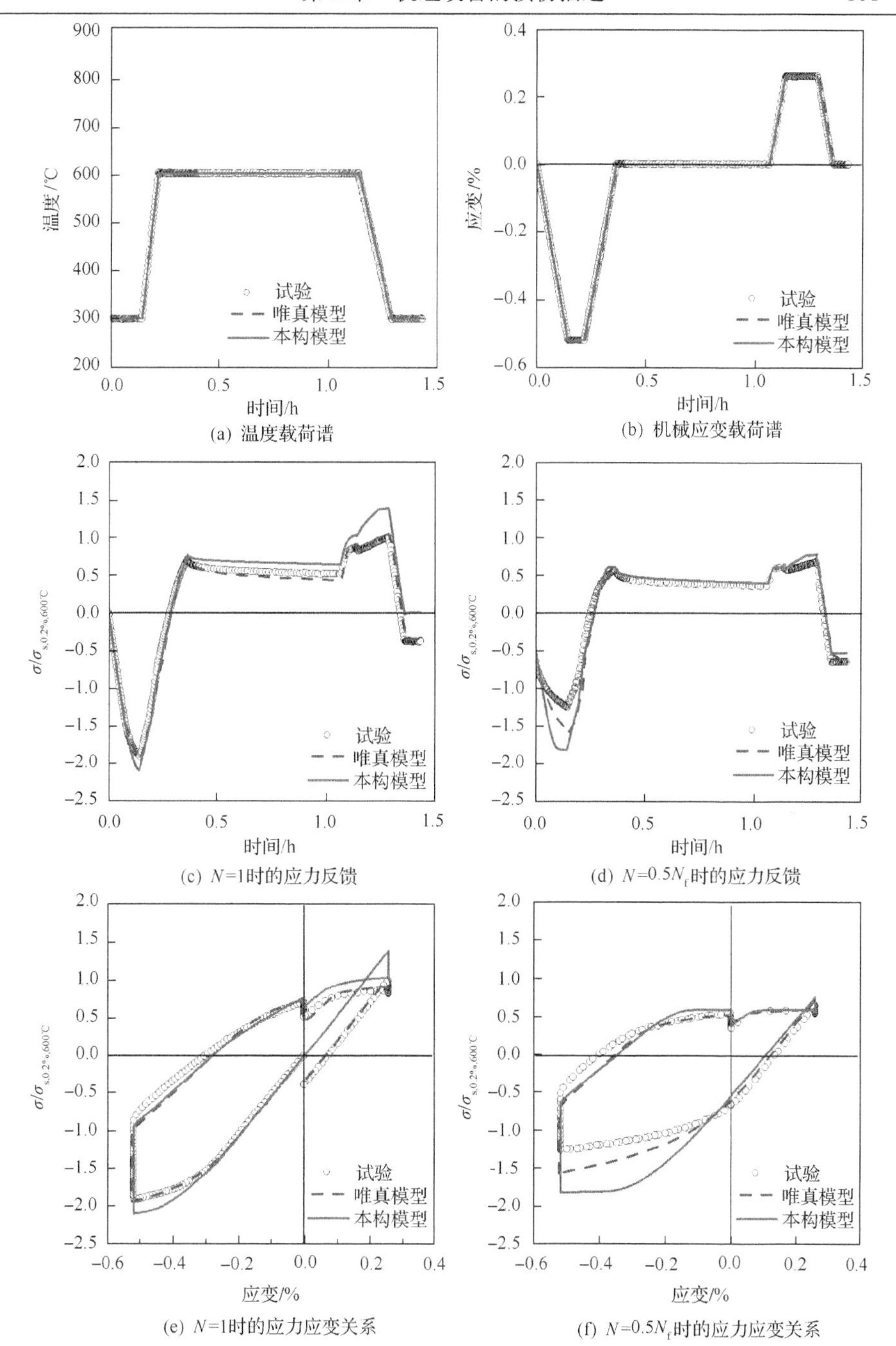

图 6.3　单轴单阶 TMF 临近工况试验与模拟结果对比

材料；10Cr；应变幅：$\Delta\varepsilon$=0.78%；应变速率：$\dot{\varepsilon}=10^{-5}s^{-1}$；保载时长：$\Sigma t_h$=1h

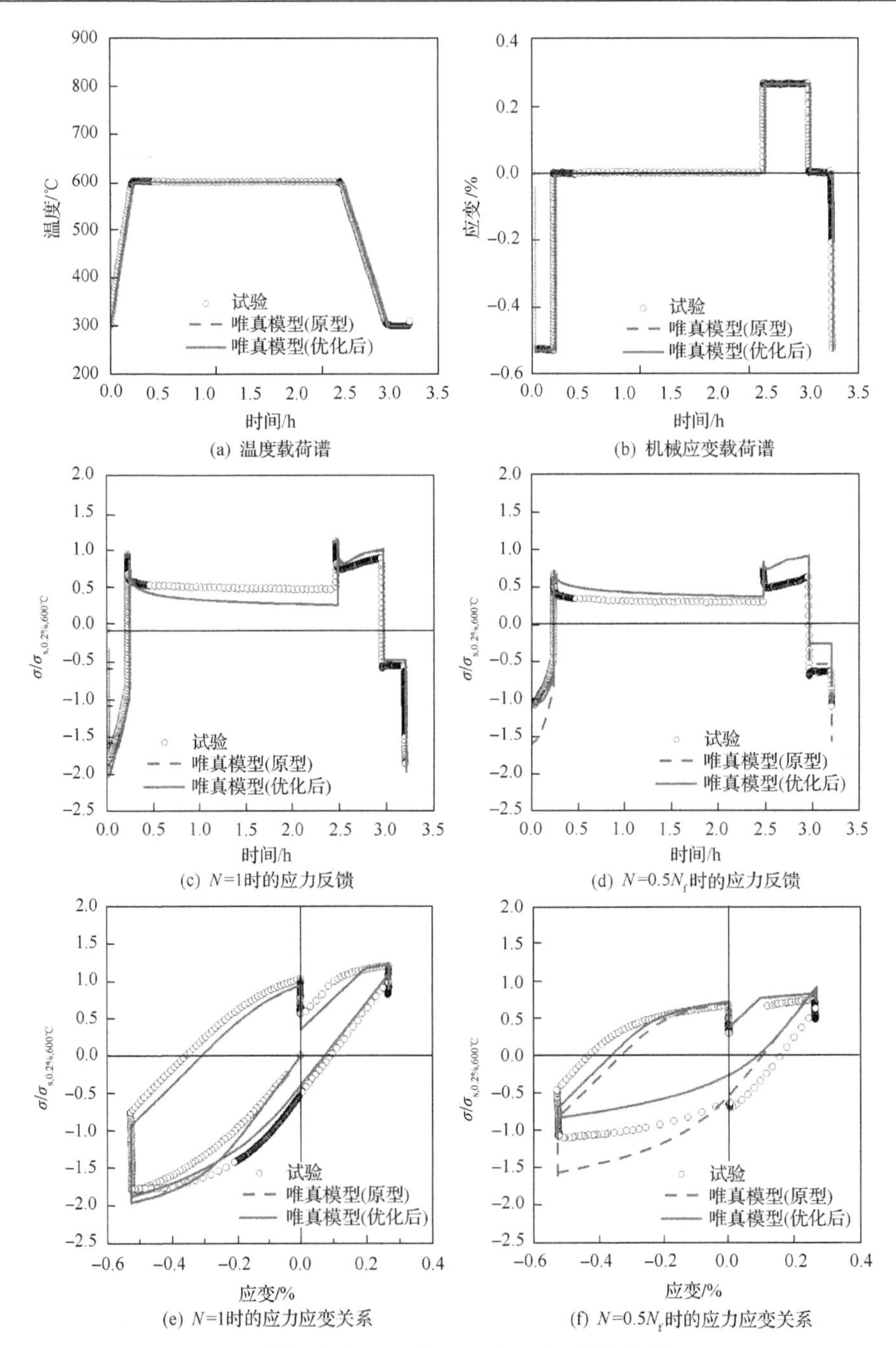

图 6.4　单轴单阶 TMF 临近工况试验与模拟结果对比

材料：10Cr；温度：T=600℃；应变幅：$\Delta\varepsilon$=0.78%；应变速率：$\dot{\varepsilon}=10^{-3}s^{-1}$；保载时长：$\Sigma t_h$=3.2h

总之，唯真模型和本构模型均可较好地模拟单轴临近工况下的材料力学性能。随着循环寿命的升高，模拟结果的误差也随之增大。在半周期时对材料塑性形变的描述相对试验结果偏小(图 6.4)是由于 300℃低温下模型材料参数确定时没有考虑该温度下的拉压性能受到相应蠕变损伤和 600℃下的预载荷损伤的影响。在停机保载阶段，由温降引起的弹性模量的增大会阻碍由蠕变损伤所带来的应力松弛下降；相反，在启动保载阶段，由温升而引起的弹性模量的降低会加速应力松弛下降。

值得注意的是，在与恒温机械应变载荷相同的 TMF 工况下(N_f = 443, t_f = 635h)，试样测试区域的应力分布相对均匀(图 6.5(a))，然而应变的分布却呈现明显的径向梯度和轴向梯度(图 6.5(b))。试样径向的应变梯度呈上升趋势，试样心部(节点 13)的应变值明显的高于表面(节点 14)。然而此时，无论是恒温还是 TMF 工况，试样测试区域内所有节点的应变幅均保持恒定不变(图 6.5(c))。在 TMF 工况下，试样测试区域中心处的应变随着循环数的增加向拉应变(正应变)方向飘移。在半寿命时，试样轴心处(节点 13)的平均应变值已高达约 24%，比引伸计装夹处(节点 10)高出约 24 倍。与之相对应的是，恒温工况下(N_f=787, t_f =1128h)的轴向应变与侧引伸计所在位置节点(节点 10)的应变一样，保持在原有的受压区位置不改变。需要说明的是，虽然 TMF 工况下计算所得的平均应变值偏离略大，但可以定性地说明它与恒温工况下随循环数变化的区别，并且该分析结果也与文献[95]、[96]的结论相一致，如图 6.6 中来自文献[95]1Cr 钢的平均径向应变分布。TMF 工况下，试样测试区域中心随循环数增长的拉应变会较早地引起试样内部结构微断裂。因此，TMF 试样在表面还未出现可视裂纹时，内部就出现大量的结构微断裂(图 4.32～图 4.35)。由此推断，在 TMF 工况下，试样测试区域的损伤起源于内部的结构开裂，这与第 4 章通过系统性损伤分析得出的结论相一致。此外，随着 TMF 工况温变速度的降低，也就是相同保载时间内温度幅降低，轴向平均应变随循环数的增加向拉应变方向的偏移幅度减缓(图 6.6)，因此，试样内部出现的结构微断裂数也就随之下降(图 4.34)。由此可见，在相同机械应变载荷下，有温度交变的 TMF 工况下的寿命比恒定最高温度下的寿命要短。

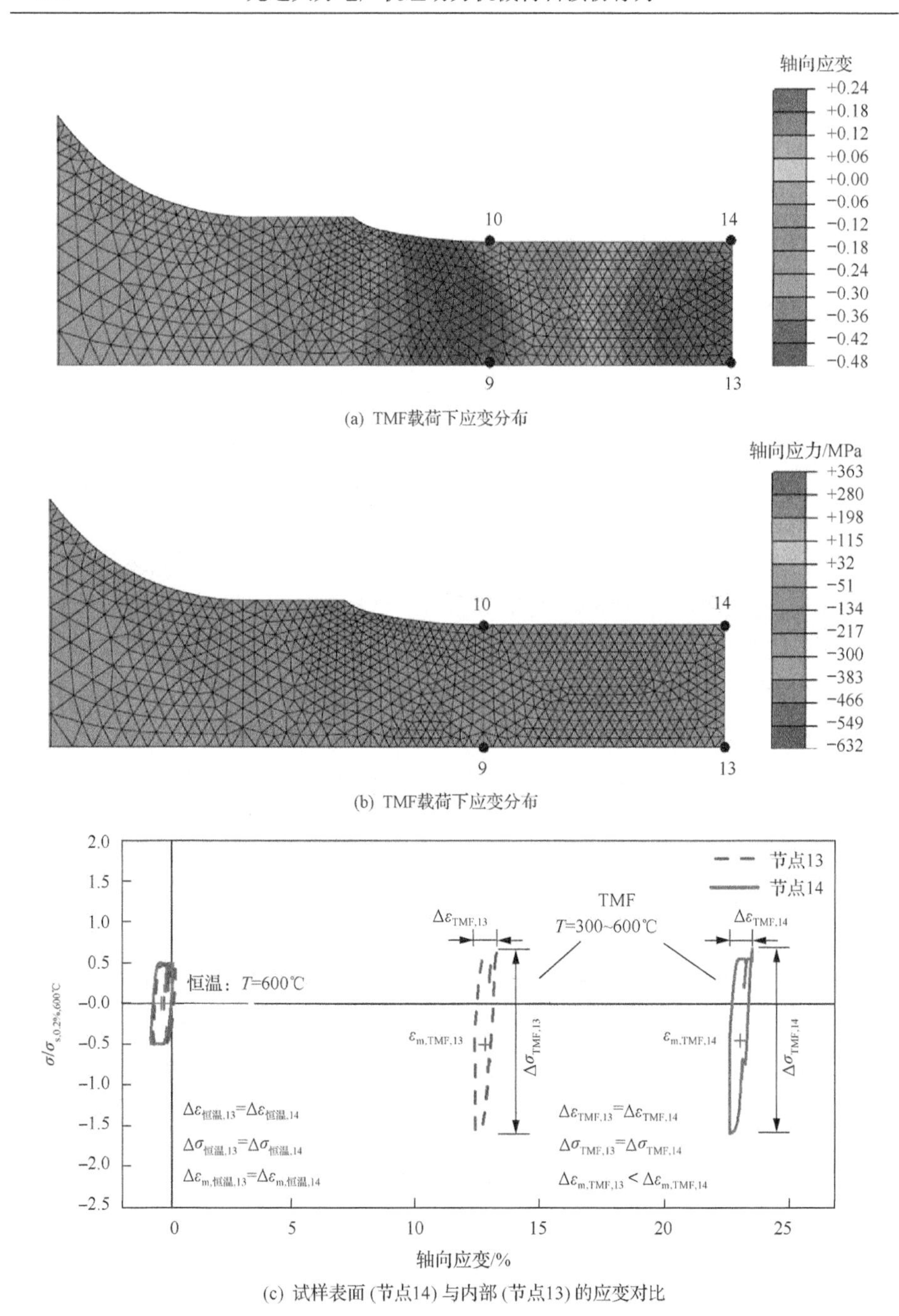

图 6.5 恒温与 TMF 临近载荷工况下半寿命时形变对比

材料：10Cr；临近工况载荷；应变幅：$\Delta\varepsilon$=0.78%；拉压速率：$\dot{\varepsilon}=10^{-5}s^{-1}$

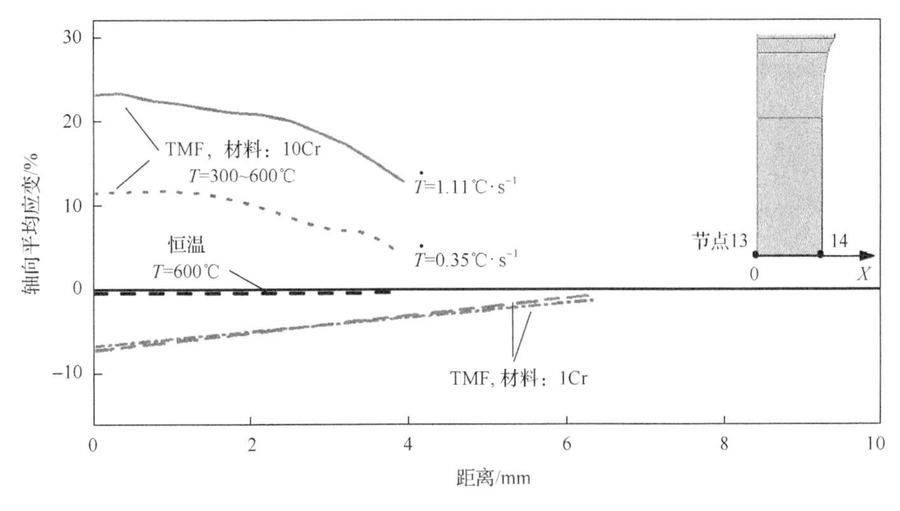

图 6.6　半寿命时平均应变随径向距离的变化

图 6.7 为这两种模型在临近工况下所预测出的寿命与试验的对比结果。唯真模型的寿命预测结果位于保守一侧，且离散度小于本构模型的结果。这与本构模型分析得出的应力应变关系，特别是与半寿命时的较大误差有关，然而这两种模型预测出寿命均位于试验测量结果的两倍公差带内。

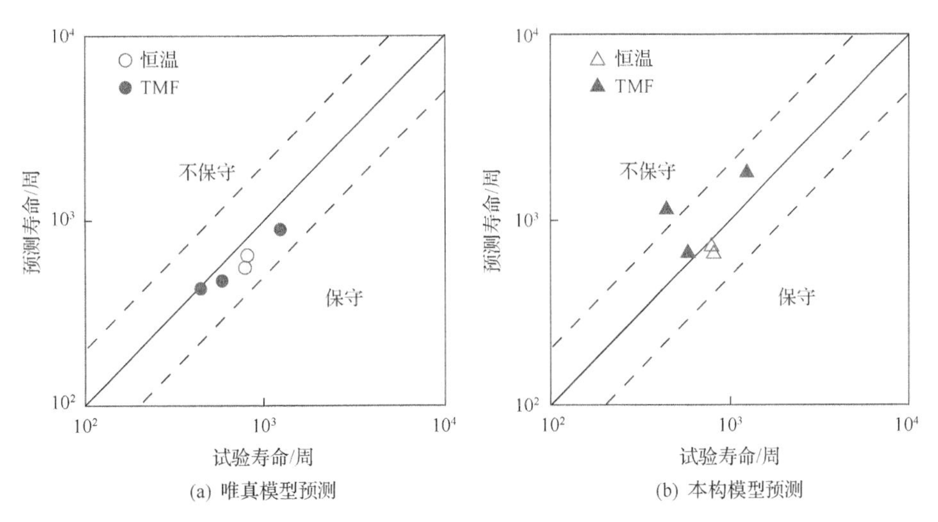

图 6.7　单轴载荷下模型预测寿命与试样寿命对比
材料：10Cr；临近工况载荷

6.1.2 多轴临近工况载荷

由于设计需要，发电机组设备在结构上会有许多结构不连续部位(例如缺口)，它们在运行工况下承受多轴载荷。如前文所述，唯真模型是建立在一维等效载荷的基础上进行损伤分析和寿命评估，对于设备构件首先需要借助有限元进行载荷谱分析，得到一维等效载荷。部件缺口部位还可以通过常用于“工程”设计计算的 Neuber 方法获得用于损伤分析的局部等效一维载荷。然而 Neuber 方法中所用到的应力集中系数需要通过试验手段或有限元分析获得。本构模型可作为用户子程序 UMAT 与商用有限元软件衔接，同时实现复杂构件载荷分析与损伤分析。两种模型对于多轴载荷的可靠性验证，以第 4 章十字形试样的恒温和 TMF 临近载荷工况试验，以及圆形缺口试样上的恒温临近工况试验为分析蓝本。

计算双轴应变控制下材料的形变，可以通过建立完整十字形试样模型实现，也可以通过建立一个单元体近似实现。如果以完整十字形试样为分析对象，需要将试验过程中通过力传感器在试样臂上所测得的真实加载力作为载荷谱输入，然后将测试区域计算输出的应变和试验侧引伸计的输入值作比较。以一个单元体为分析对象时，可以与试验一样实现应变作为输入载荷，然后将计算得出的应力走势与试验中力传感器的测量值作比较(图 6.9)。使用一个单元体作为对象，分析材料的形变特性可以大幅降低计算难度和复杂度，然而却忽略了试样几何形状引起的附加载荷对寿命的影响。另外，这种方法的适用性和可靠性还没有得到系统性评估，需要在以后的科研中继续深入。随着最新版本的商用有限元软件 ABAQUS 提供建立局部“传感器”的功能模拟器，可以实现与试验相同的“应变控制”模式，直接将试样臂输出的加载力走势与试验结果做比较。

有限元分析计算中，将“传感器”的位置设定在十字形试样侧引伸计的安装处，以便直接比较试样臂上力的计算值和测量值(图 6.8(c))。采用以本构模型为用户子程序 UMAT 的有限元软件 ABAQUS，分别对十字形试样在恒温和 TMF 临近工况下的力学性能进行分析。为了减少计算时间提高计算效率，根据对称原理仅计算十字形试样的 1/8 部分的形变与损伤。与单轴载荷类似，本构模型可以很好的模拟恒温载荷下的应力响应，而对于 TMF 工况，尤其是低温区域的应力应变关系的描述则误差略大。对于温差较大的冷启动载荷工况(300～600℃)，模型计算得出的停机降温过程中的应力与试验测量值的差异高达 50%，且这一差异随着工况温差的降低而减小(例如热启动工况(550～600℃))(图 6.9)[97]。

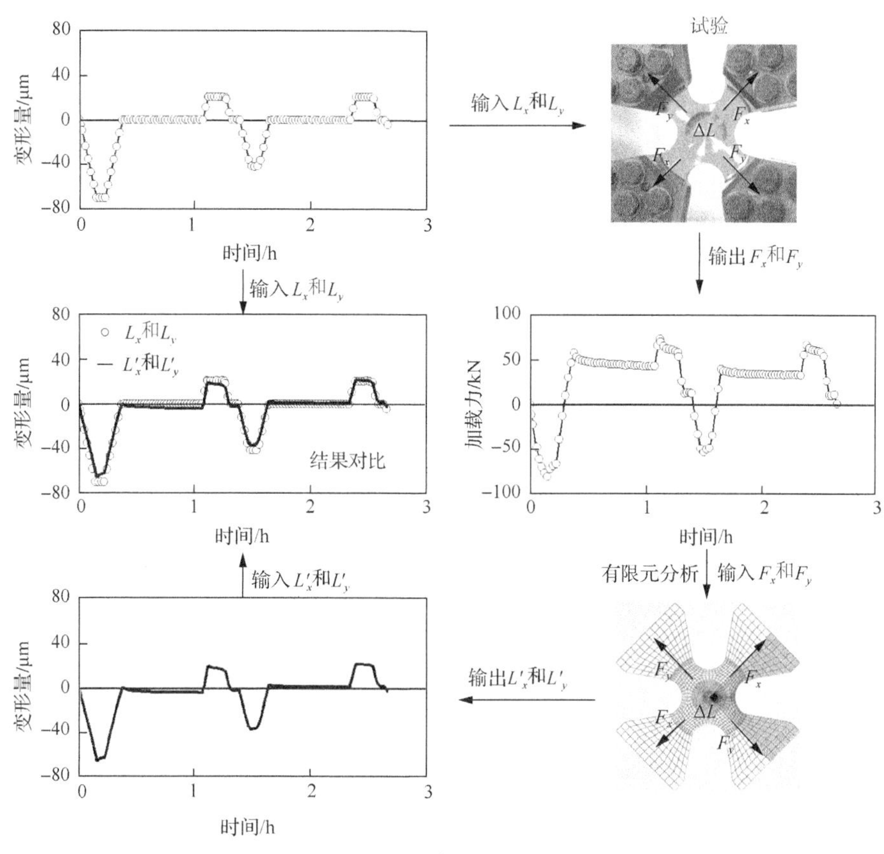

(a) 以试验测量载荷作为有限元分析的输入值

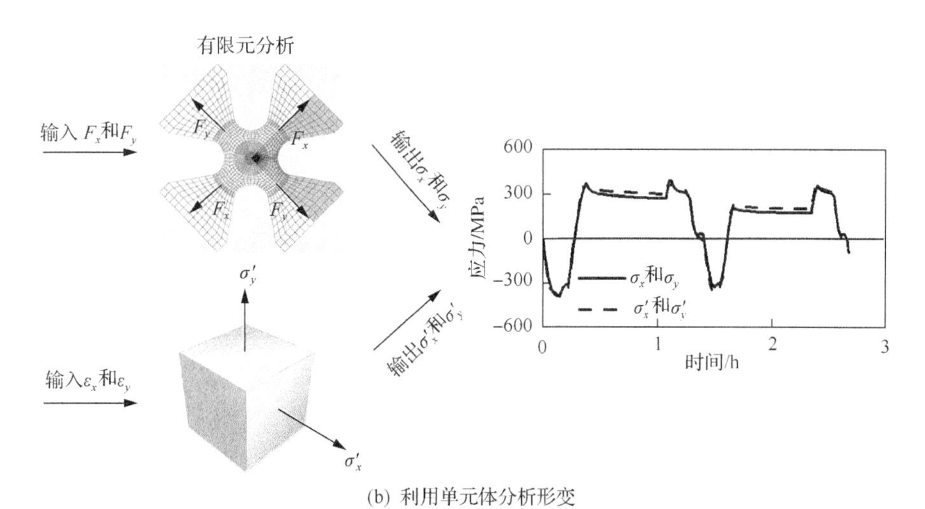

(b) 利用单元体分析形变

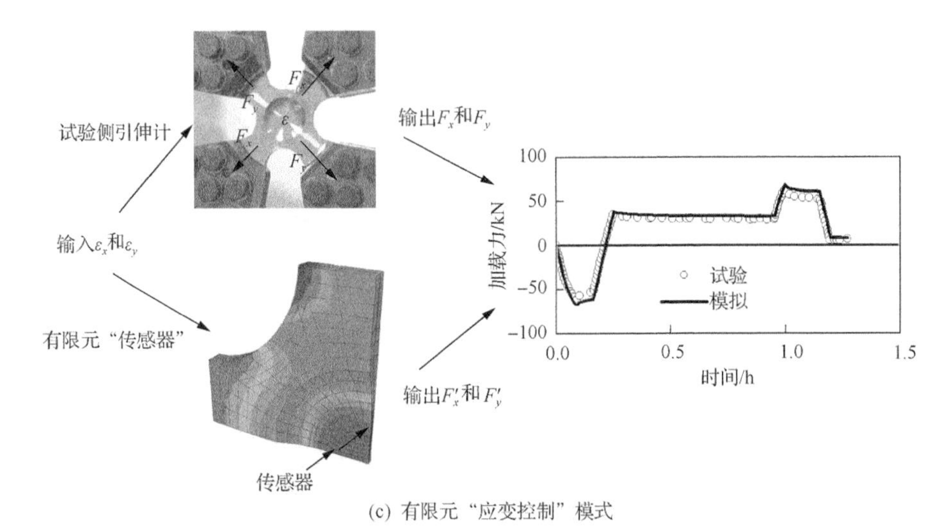

(c) 有限元“应变控制”模式

图 6.8　计算应变控制模式下的双轴试验的方法

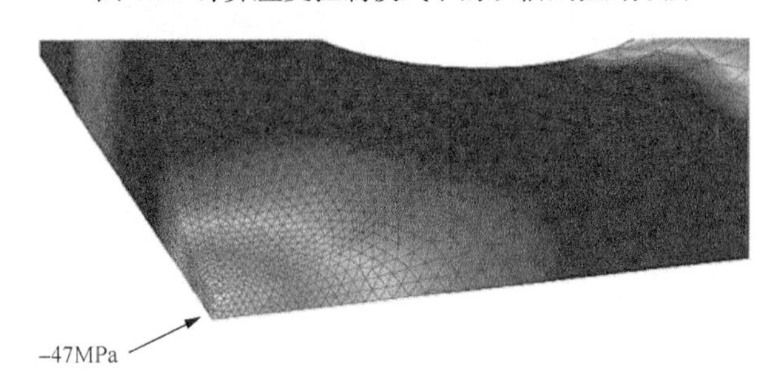

图 6.9　加热过程中引起的压应力

十字形试样的中心部位为测试区域，此区域通过弧形过渡进入加强环区域与试样臂连接(图 4.5)。试验中，温度的分布由中心测试区向试样臂方向逐渐降低。加热过程中，由于温度分布不均所引起的膨胀差异，会使中心区域承受来自周边加强环的压应力。根据相关测试标准(例如 ISO 12106、ISO 12111)，预热过程中试样必须保持自由松弛状态，即试验机设置为零应力控制模式。这个过程中，试样测试区域由于温差所承受的压应力无法借助仪器直接测量获取，而只能通过有限元分析获得[97]。由此可见，采用孤立单元体作为对象，分析双轴载荷下的材料损伤的方式是有欠缺的。

图 6.10 为十字形试样通过本构模型分析得出的第一个循环和失效时的损伤分布，其中，载荷为恒温临近工况且采用“应变控制”模式。试样被加载一个循环后，其塑性形变相对较小且损伤均匀分布在测试区域(图 6.10(a))。

随着载荷循环的增加，试样损伤的分布逐渐从测试区域向外侧偏移。在试样失效时，测试区域内的损伤呈明显的分布不均匀状态，试样的最大损伤不在测试区域内，而是位于测试区域与加强环之间的过渡部位(图 6.10(b))。

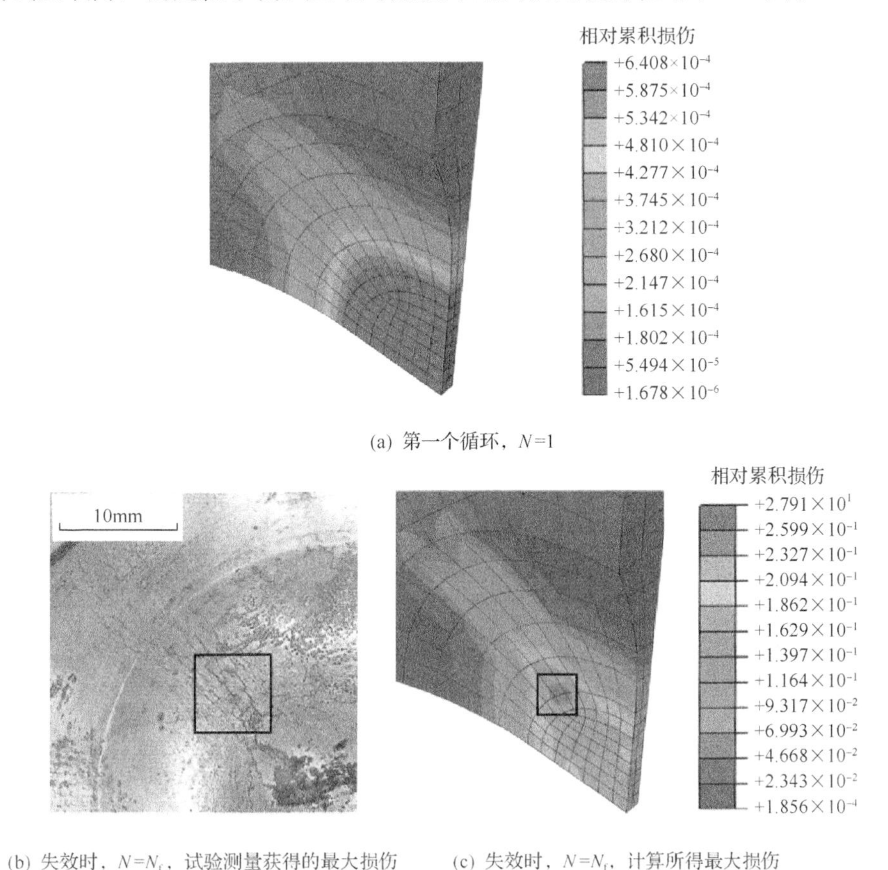

(a) 第一个循环，$N=1$

(b) 失效时，$N=N_f$，试验测量获得的最大损伤　(c) 失效时，$N=N_f$，计算所得最大损伤

图 6.10　TMF 临近工况载荷后十字形试样的损伤分布

用于唯真模型寿命预测等效载荷的获得，需要借助包括 von Mises、裂纹张开位移(crack opening displacement，COD)和最大有效应变等假说。在这些等效载荷假说所组成的矩阵中，以 von Mises 等效应变和 von Mises 等效应力组合对多轴载荷工况下的寿命评估偏差最小[51]。本书采用 von Mises 等效应变作为唯真模型评估寿命的输入载荷。von Mises 应力与 von Mises 应变表达式为

$$\sigma_{\mathrm{eq}}=\frac{\sqrt{2}}{2}\operatorname{sign}(\sigma_1)\sqrt{(\sigma_1-\sigma_2)^2+(\sigma_2-\sigma_3)^2+(\sigma_3-\sigma_1)^2} \tag{6.1}$$

$$\varepsilon_{eq} = \frac{\sqrt{2}}{1-\nu'} \operatorname{sign}(\varepsilon_1) \sqrt{(\varepsilon_1 - \varepsilon_2)^2 + (\varepsilon_2 - \varepsilon_3)^2 + (\varepsilon_3 - \varepsilon_1)^2} \tag{6.2}$$

式中，σ_1、σ_2、σ_3、ε_1、ε_2和ε_3分别为3个主应力和3个主应变，并满足$\sigma_1>\sigma_2>\sigma_3$和$\varepsilon_1>\varepsilon_2>\varepsilon_3$。$\nu'$为有效泊松比。对于弹性应变和热应变，$\nu'$与温度相关。对于塑性应变，$\nu'$为0.5。sign( )表示与括号里变量的符号相同。由于von Mises应力和von Mises应变没有负值，可简单的采用最大主应力或主应变的符号，以便区分循环中的拉压过程[51]。总等效应变为等效弹性应变与等效塑性应变之和。

使用唯真模型对十字形试样在临近工况下的寿命预测之前，需要先将由有限元分析得出的von Mises等效应变简化为符合模型载荷输入要求的格式，即含有4个保载阶段的临近工况载荷谱形式(图6.11(a))。唯真模型通过分析经过简化的等效应变载荷谱，输出相应的等效应力谱(图6.11(b))。为了验证唯真模型的可靠性，将唯真模型输出的等效应力与有限元分析得出的von Mises等效应力作比较。可以看出，在恒温工况(详见接下来的缺口试样分析)以及温差较小的TMF工况下，唯真模型可以很好的重现von Mises等效应力(图6.11(b))。随着TMF工况温差的增大，唯真模型输出的等效应力与von Mises等效应力之间存在明显的差别。尤其在停机降温保载阶段，它们之间的差别可达50%。这一现象与单轴载荷时类似，唯真模型分析得出的应力均低于本构模型的结果，但更加接近试验测量值。

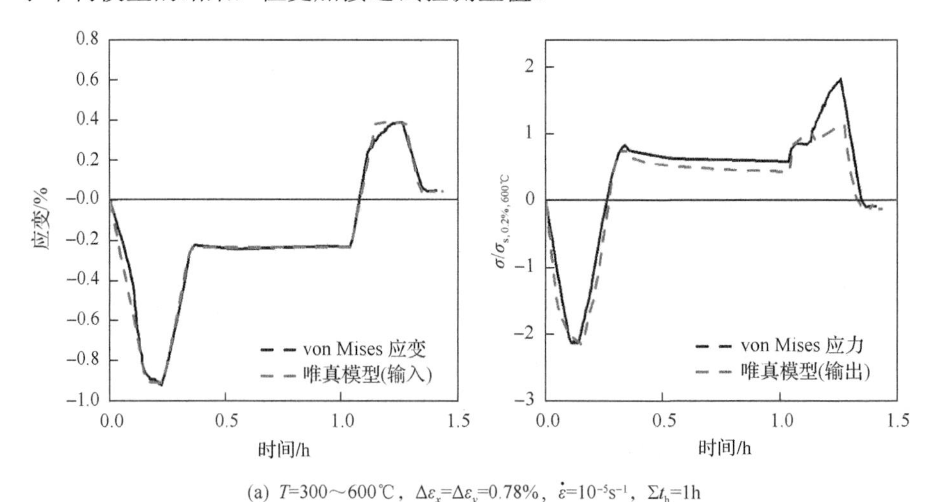

(a) T=300～600℃，$\Delta\varepsilon_x$=$\Delta\varepsilon_y$=0.78%，$\dot{\varepsilon}$=$10^{-5}s^{-1}$，Σt_h=1h

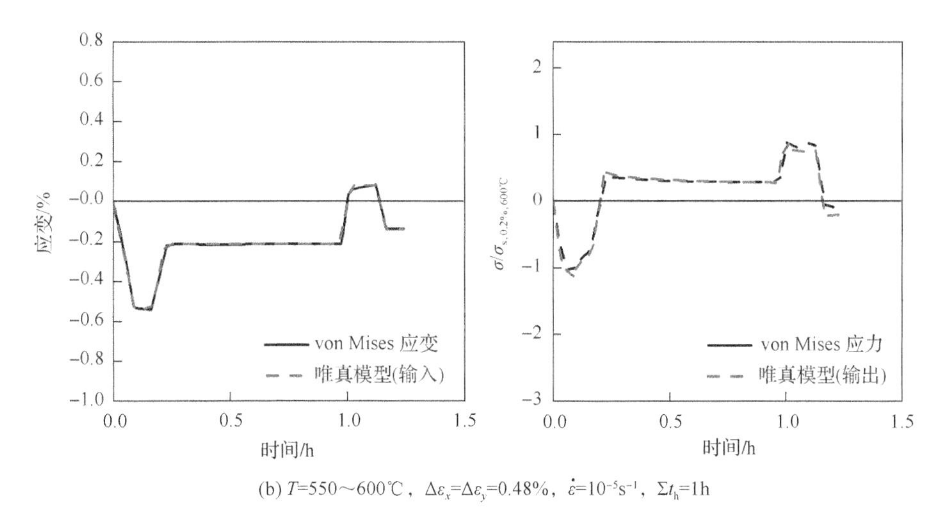

(b) T=550～600℃，$\Delta\varepsilon_x=\Delta\varepsilon_y$=0.48%，$\dot{\varepsilon}=10^{-5}s^{-1}$，$\Sigma t_h$=1h

图 6.11　双轴 von Mises 等效应力与唯真模型计算应力对比

材料：10Cr；双轴 TMF 临近工况；双轴应变比：Φ_ε=1

将两个材料模型预测出的寿命与试验测量作比较，如图 6.12 所示。可以看出，总体上两模型预测的寿命相对保守，但预测结果均位于两倍公差带之内。

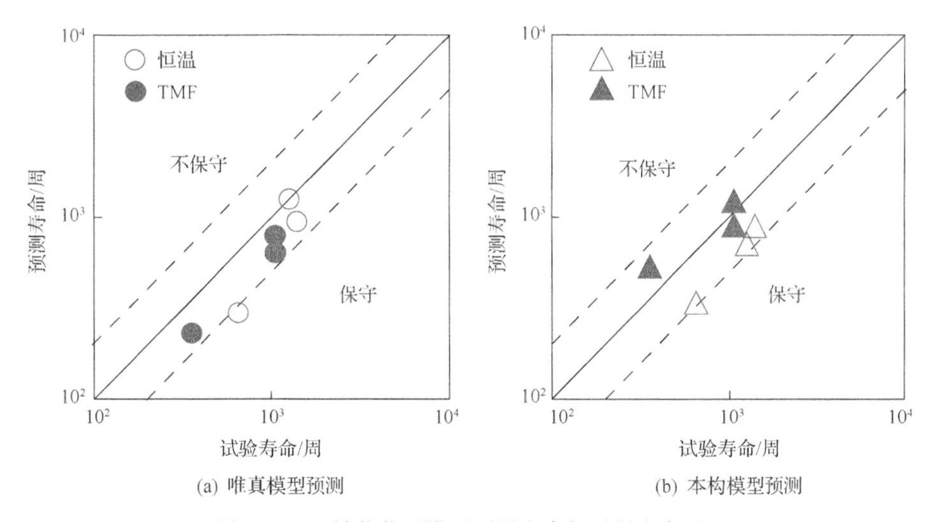

(a) 唯真模型预测　　(b) 本构模型预测

图 6.12　双轴载荷下模型预测寿命与试样寿命对比

材料：10Cr；临近式况载荷

分析计算圆柱形缺口试样在 3 阶恒温临近工况载荷试验的力学性能，同样采用以本构模型为用户子程序 UMAT 的有限元软件 ABAQUS。依据轴对称原理选用圆柱缺口试样 1/4 部分建立模型，以提高有限元计算效率。此外采用分区域网格划分的方法，细化试样缺口根部区域的网格尺寸(图 6.13)，可以在保证计算精度的同时进一步的提高计算效率。图 6.13 中所指示的位置 A 为试验中引伸计的安装位置。

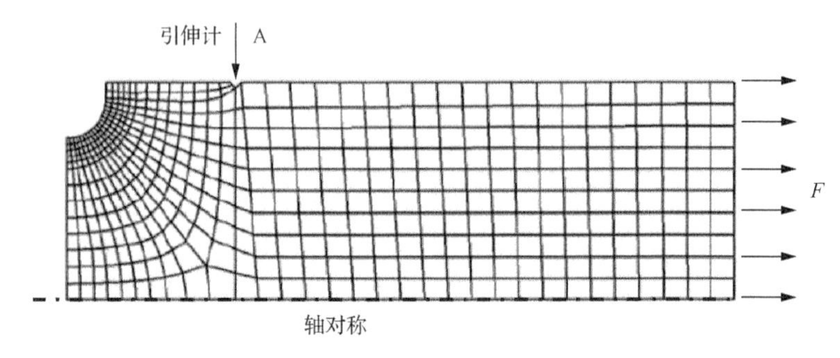

图 6.13 双轴 von Mises 等效应力与唯真模型计算应力对比

根据图 6.14 所示的包含 20 个分循环的周期系列载荷谱，有限元分析计算得出 A 节点处的位移与试验引伸计实测的轴向变形关系基本一致。当在圆柱形缺口试样两端加载的平均应力 σ_n 超过此温度下该材料的屈服强度时，有限元计算所得的轴向变形关系会随着循环数的增加向受压方向飘移(图 6.14(a)和图 6.14(b))。而当所加载的平均应力在材料的弹性范围内时，计算结果与试验测量可以很好地吻合(图 6.14(c)和图 6.14(d))。

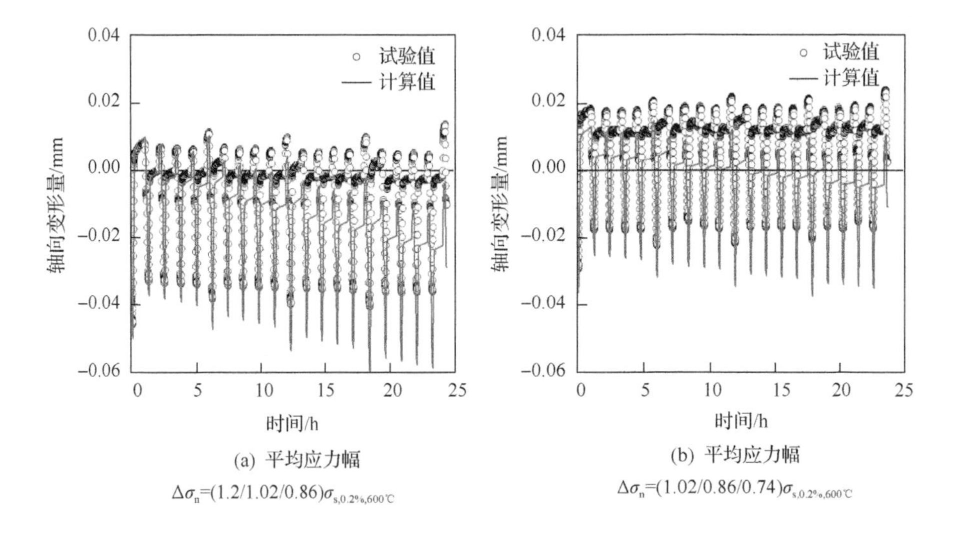

(a) 平均应力幅 $\Delta\sigma_n=(1.2/1.02/0.86)\sigma_{s,0.2\%,600℃}$

(b) 平均应力幅 $\Delta\sigma_n=(1.02/0.86/0.74)\sigma_{s,0.2\%,600℃}$

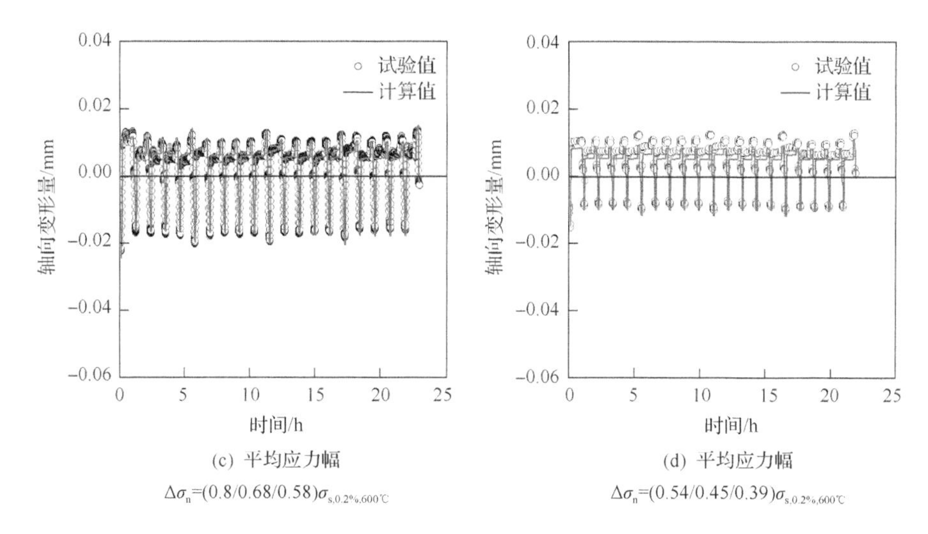

(c) 平均应力幅
$\Delta\sigma_n=(0.8/0.68/0.58)\sigma_{s,0.2\%,600℃}$

(d) 平均应力幅
$\Delta\sigma_n=(0.54/0.45/0.39)\sigma_{s,0.2\%,600℃}$

图 6.14　恒温三阶临近工况载荷下圆棒形缺口试样形变(材料：10Cr)

从有限元分析所得的圆柱形缺口试样的 von Mises 等效应力云图(图 6.15)可以看出，最大应力区域位于圆柱形缺口试样的缺口根部，也是试验中裂纹萌生位置(图 4.27)。因此，工程上通常选取缺口根部节点的 von Mises 等效应变作为唯真模型寿命预测的输入载荷谱。与计算分析十字形试样同理，首先将唯真模型输出的等效应力谱与有限元分析得出的 von Mises 等效应力谱作比较，验证模型形变分析的可靠性，如图 6.16 所示。虽然唯真模型输出的等效应力略低于 von Mises 等效应力，但总体上两个等效应力谱吻合的较好。特别值得注意的是，无论是唯真模型输出的等效应力还是 von Mises 等效应力，均可以很好地呈现保载阶段的应力松弛特征。

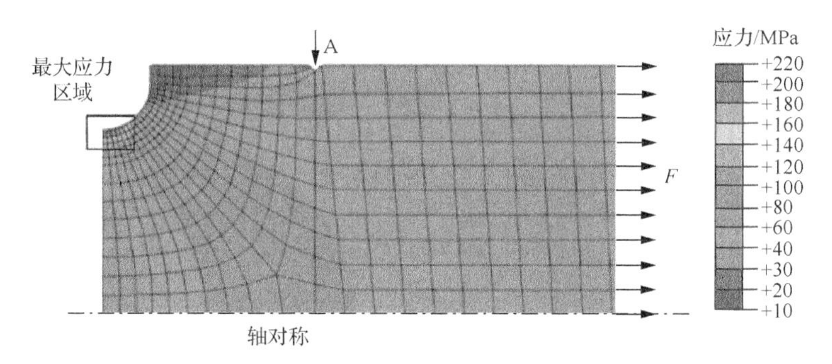

图 6.15　双轴 von Mises 等效应力与唯真模型计算应力对比

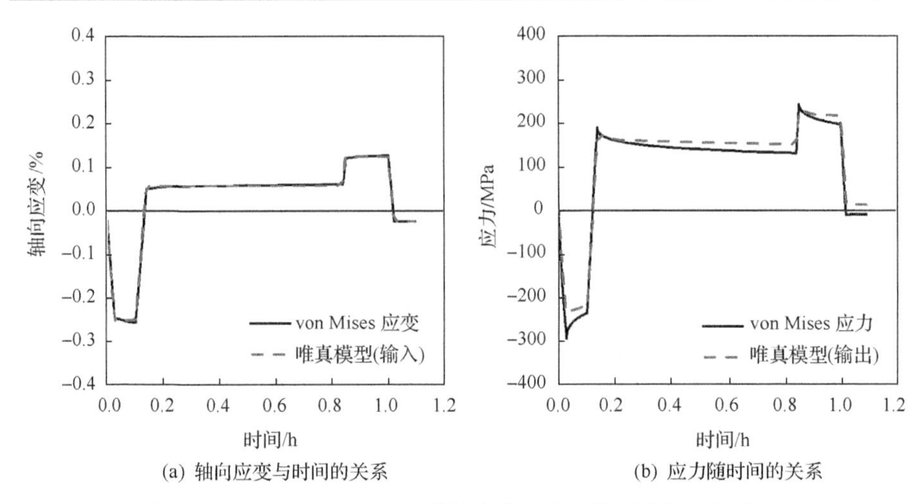

(a) 轴向应变与时间的关系　　(b) 应力随时间的关系

图 6.16　缺口处 von Mises 等效应力与唯真模型计算应力对比

材料：10Cr；三阶恒温临近工况载荷；温度：T=600℃；$\Delta\sigma_n$=(0.54/0.45/0.39)$\sigma_{s,0.2\%,600℃}$

除了采用 von Mises 等效应变谱以外，工程上为了高效快速的获得预测结果，通常采用Neuber方法获得的等效应变谱作为唯真模型寿命分析的载荷谱。Neuber 方法获得局部等效应力应变的方法如图 4.2 所示。值得特别注意的是，Neuber 方法只适用于平均加载应力 σ_n 小于此温度下材料屈服强度的工况，即平均应力处于弹性区域内的工况。本书所建的唯真模型已经集成 Neuber 分析缺口局部等效应变的方法。唯真模型通过分析 Neuber 方法获取的等效应变后，输出的等效应力谱如图 6.17 所示。如果将此应力谱与 Neuber 方法直接

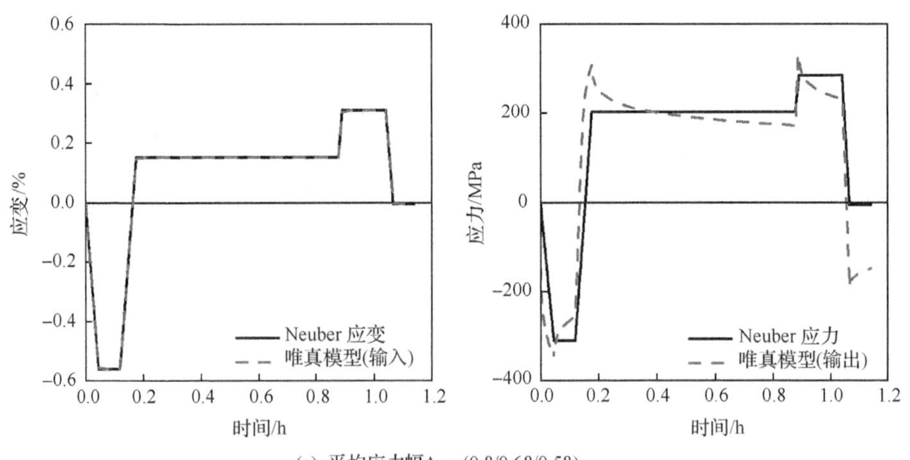

(a) 平均应力幅$\Delta\sigma_n$=(0.8/0.68/0.58)$\sigma_{s,0.2\%,600℃}$

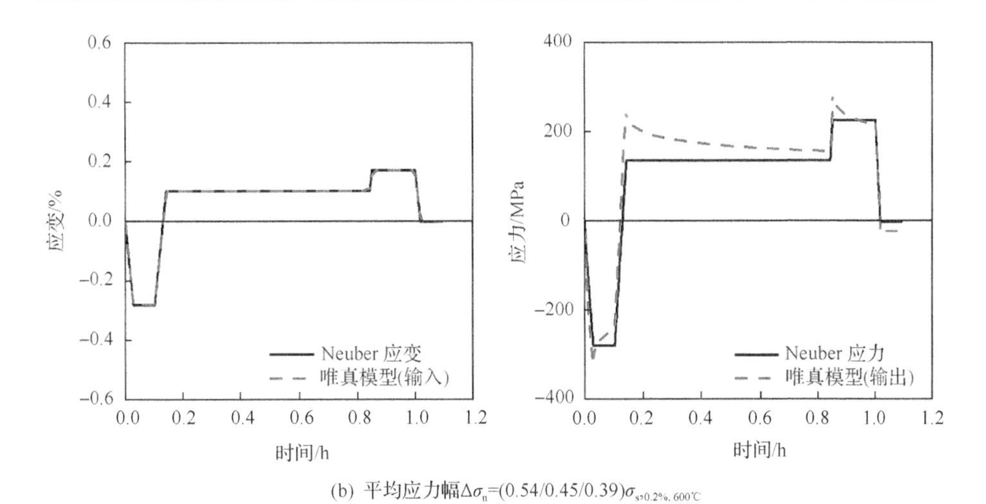

(b) 平均应力幅$\Delta\sigma_n=(0.54/0.45/0.39)\sigma_{s,0.2\%,600℃}$

图 6.17　缺口处 Neuber 效应力与唯真模型计算应力对比

材料：10Cr；三阶恒温临近工况载荷；温度：T=600℃

获取的应力谱作比较，两个应力可较好地吻合。然而，直接由 Neuber 方法算出的应力无法描述保载阶段的应力松弛特征，也无法描述循环所产生的内应力(即应变为零时的应力，如图 6.17 中停机保载阶段的应力)。唯真模型可以很好地描述总应变为零时停机保载阶段的应力特性，而直接由 Neuber 方法获得的应力却无法考虑这个过程的应力状态。

无论是唯真模型还是本构模型，所预测出的寿命相对于试验结果都非常地保守，使用 Neuber 应变谱预测出的寿命则更加保守(图 6.18)。寿命预测如此保守的原因在于，两个模型均无法很好地描述轴向变形飘移对材料损伤以及寿命的影响。应力控制模式下的缺口试验中，无论是加载拉压对称应力[31,98]还是类似于本书中的非对称应力，试样的平均轴向变形会随着循环数的增加向受压方向(坐标轴负向)偏移(图 6.14)，也就是所谓的棘轮效应。平均轴向变形向受压方向偏移会减缓裂纹的扩展从而延长材料的寿命。为了考虑这个因素对寿命的影响，可简单的将缺口试样寿命周期内平均轴向变形的平均值作为损伤分析的一个影响参数，通过损伤参数 P_{swt} 修正唯真寿命模型的预测结果。修正后的寿命预测值与试验结果可以很好地吻合，且均位于狭窄的 2 倍公差带内。平均轴向变形飘移对寿命的影响需要在今后的研究中深入开展。

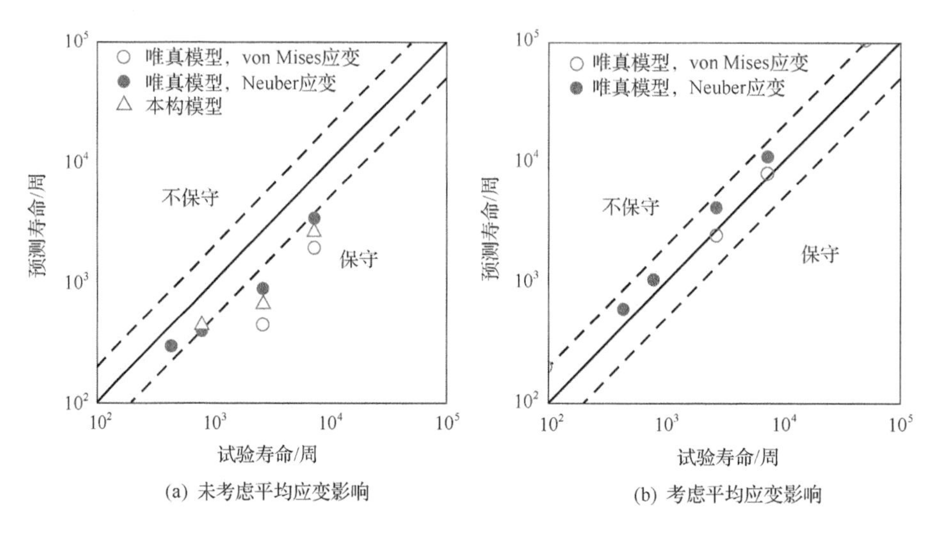

图 6.18　缺口试样预测寿命与试验结果对比

材料：10Cr；恒温临近工况载荷；温度：T=600℃

6.2　设备部件损伤特征的描述

合理准确的描述设备部件损伤特性和寿命预测是保证机组安全运行的前提。首先需要根据来流温度场和压力场确定部件的应力应变分布，其中形变和应力分布可以直接从设备的运行监控传感器读取，也可以通过有限元分析得出。本构模型由于可以作为用户模块嵌入商用有限元软件，因此可同时描述部件的载荷分布、形变和损伤演变。然而，如果使用有限元分析大体积部件的损伤演变分布，以目前的计算技术具有一定的困难。因此在工业领域中，通常仅采用有限元分析获取部件的温度与机械载荷分布，然后从部件上选取关键部位做局部有限元损伤演变分析。同时还可以选取若干个关键点或者薄弱点作为分析对象，根据所选取部位的温度载荷谱和机械应变载荷谱，模拟或试验测试损伤演变过程和寿命预测分析(图 6.19)。本节所有图示中的简化温度谱和应变谱是用于唯真模型寿命预测的载荷谱，它也可被用于部件关键部位损伤分析与寿命评估的加速试验。

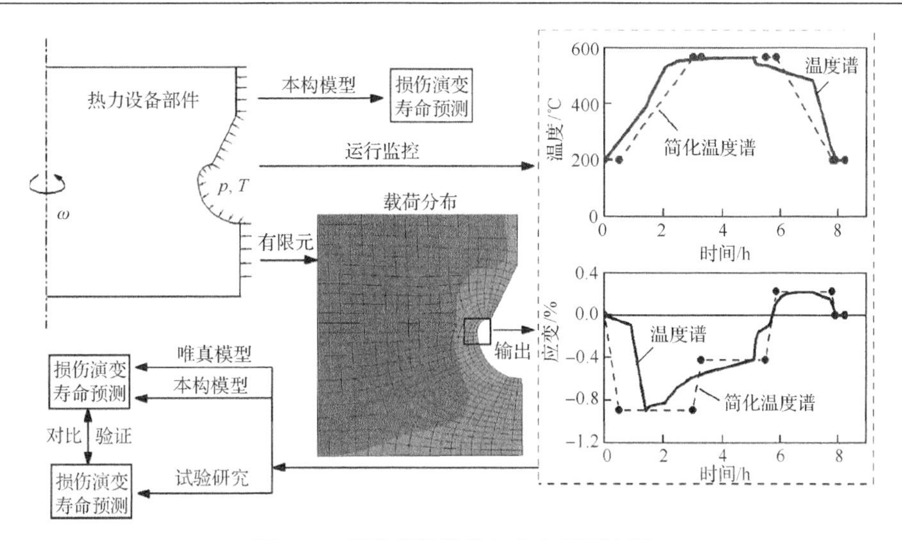

图 6.19　设备部件损伤与寿命预测流程

利用本书第 5 章所建的本构模型，分析计算转子表面某关键点的形变特性，如图 6.20 所示。机组(例如燃气–蒸汽联合循环机组)在调峰作业时，需要更快地达到所需的运行功率，例如图 6.20(a)、图 4.13(a)和图 6.20(b)分别所示的某中高压汽轮机转子在调峰作业工况的冷启动、温启动和热启动时受到的温度载荷以及由此所引起转子表面的应变载荷。其中，温差最大的冷启动需要时间最长，在转子表面所引起的应变幅也最大。借助寿命模型分析计算调峰作业时转子表面的损伤，可为设计者提供高效快捷的理论依据。本构模型可以直接使用工况无固定保载形式载荷谱进行应力应变关系和损伤分析，而唯真模型只能使用经过简化的载荷谱。本构模型分析得出的应力应变关系与试验测量的结果在第一个循环时吻合的较好(图 6.20(e)和图 6.20(f))。随着循环数的增加，材料在交变温度的高温区产生的损伤会影响低温区的力学性能。由于本书所建的本构模型中没有考虑这个因素的影响，因此在半寿命期时模拟得出的低温区应力应变关系与试验测量结果偏差较大。由此可见，本构模型对机组对寿命的预测结果的离散也较大，但与试验结果相比，本构模型的结果均位于两倍公差带内(图 6.21(b))。由于唯真模型通过一维(等效)应变谱建立形变关系，进而分析损伤和预测寿命。其中输入的应变谱必须符合包含 4 个保载过程的临近工况载荷谱形式。因此在应用唯真模型分析上述无阶载荷工况下的损伤与寿命时，必须先进行温度谱和应变谱简化。虽然唯真模型不能直接使用实际工况下的无固定形式的载荷谱，然而在采用图 6.20 中所示的简化温度谱和简化应变谱分析预测出的寿命，可以很好地与试验测量结果在较窄的公差带内吻合(图 6.21(a))。

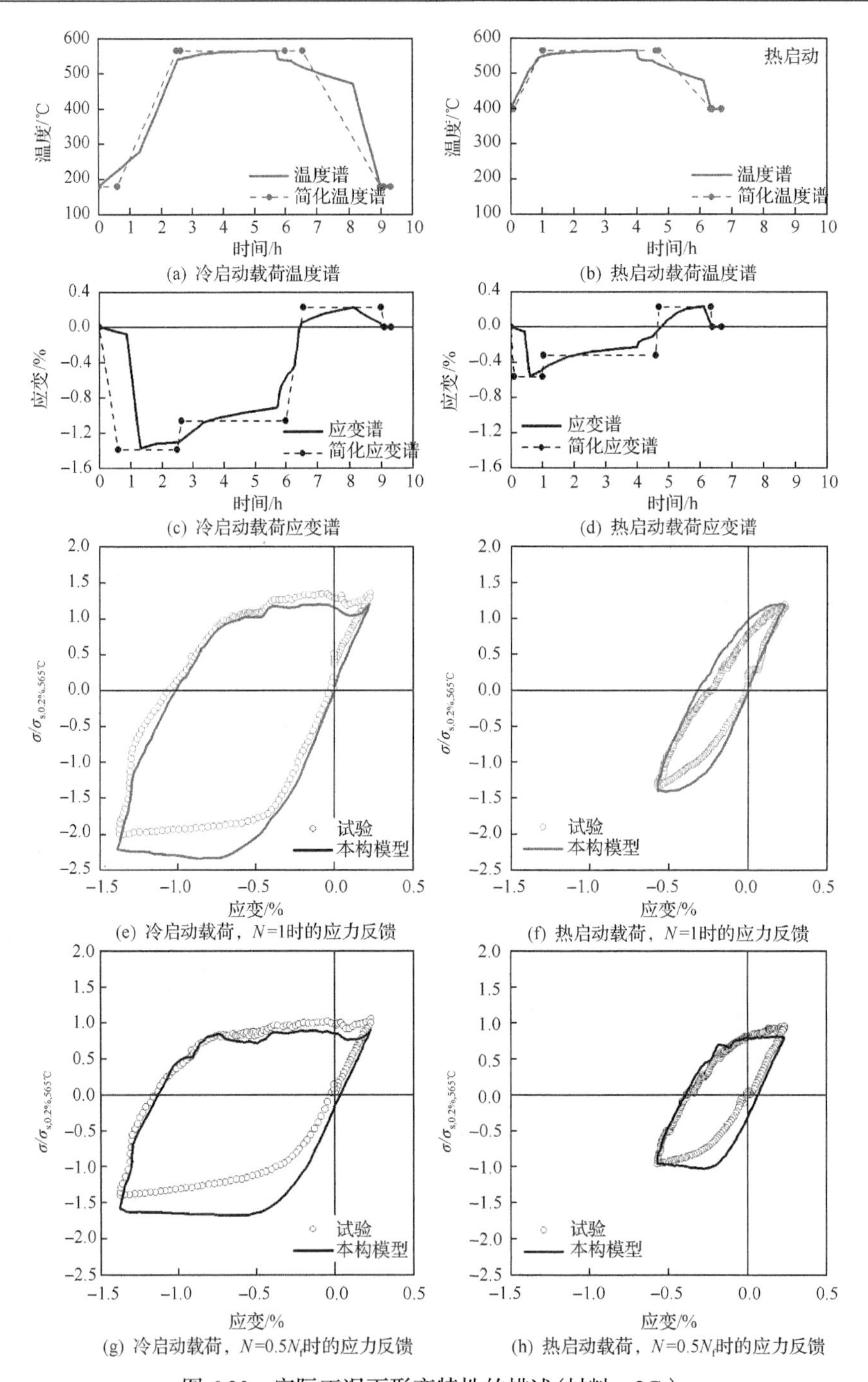

(a) 冷启动载荷温度谱

(b) 热启动载荷温度谱

(c) 冷启动载荷应变谱

(d) 热启动载荷应变谱

(e) 冷启动载荷，N=1时的应力反馈

(f) 热启动载荷，N=1时的应力反馈

(g) 冷启动载荷，$N=0.5N_f$时的应力反馈

(h) 热启动载荷，$N=0.5N_f$时的应力反馈

图 6.20　实际工况下形变特性的描述(材料：2Cr)

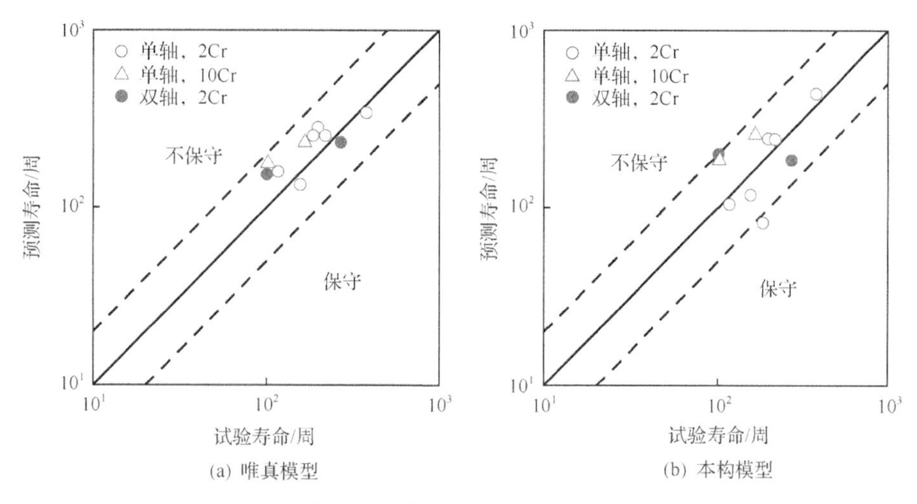

图 6.21　实际工况载荷下的预测寿命与试验寿命对比

小尺寸实物模型试验是反应实际工况下设备部件的变形与损伤，以及评价材料模型可靠性的重要依据。文献[48]、[98]在转子 1Cr 钢的实物模型上进行了模拟机组启停过程中转子部件的损伤演变的试验。实物模型试样直接从厚壁管件上截取，在外表面加工两种不同半径尺寸的环形凹槽以模拟汽轮机转子表面的缺口部位(图 6.22)。通过对实物模型外表面加热的同时进行内表面降温的技术手段模拟机组大型设备部件启动过程中表面与心部的径向温度分布，再通过仅外表面冷却的方法模拟停机过程部件表面温度低于心部温度的径向分布。实物模型上共设置了 8 个温度监控点，其中 1 号点至 4 号点位于测试区域的外表面，7 号点和 8 号点位于测试区域内表面，5 号点和 6 号点位于测试区域上下两端的外表面，用于监控试验过程中温度的分布(图 6.22)。

根据试验中 3 号点的温度载荷谱，应用本构模型分析得出实物模型最薄弱点为小缺口根部。将此处的一维等效应变作为唯真模型分析损伤和寿命的输入载荷谱，其中温度载荷谱和与之对应的等效应变载荷谱须要简化成包含 4 个保载过程的临近工况载荷形式(图 6.23)。临近工况载荷形式的启动保载为升温过程引起的压应变，停机保载为降温引起的表面拉应变。实际工况载荷谱不会完全符合以上规律，因此在简化实际工况载荷谱的时候，需要兼顾两者之间的匹配关系，并保持最大载荷幅不变，即最低和最高温度以及最大拉压应变值不变。图 6.23 所示的简化方案以符合应变规律为主，兼顾匹配温

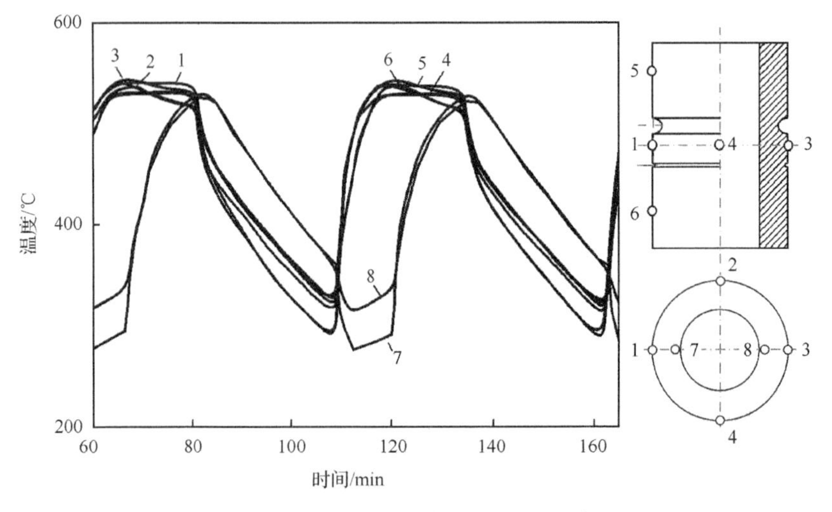

图 6.22　实物模型各检测点温度谱

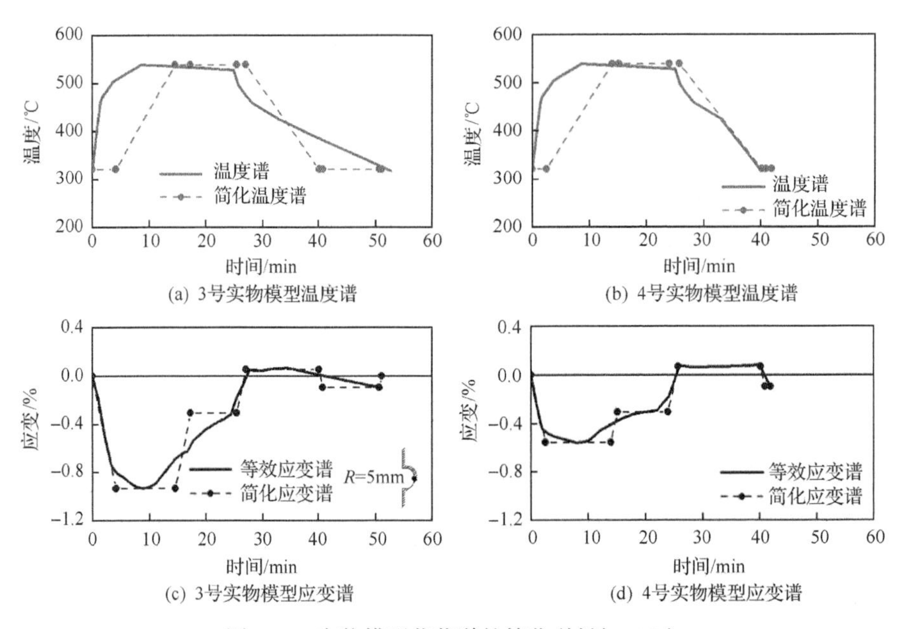

图 6.23　实物模型载荷谱的简化(材料：1Cr)

度走势。直接采用实际工况载荷谱的本构模型和采用简化载荷谱的唯真模型所预测得出的实物模型的寿命均略长于试验测量结果，其中本构模型预测出寿命高于试验结果约 2 倍。需要说明的是，实物模型以裂纹深度为 0.1mm 作为失效标准，其寿命为此时刻的循环周期数。而两个材料计算模型以裂纹深度达到 0.5～1mm 时的循环数作为寿命点。因此两模型的寿命预测结果略高于试验测量结果是符合逻辑的。另外，两个模型中 1Cr 钢在较低温度下基础数据是由高温区域的数据借用外推法估算得来，缺乏足够的表征数据予以验证，这也会引起寿命预测误差。

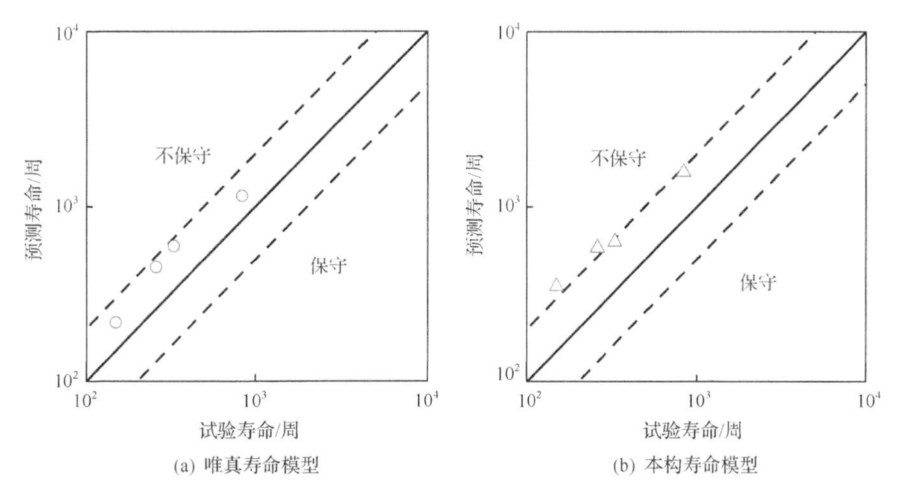

图 6.24　实物模型寿命预测与试验结果对比

材料：10Cr；实物模型试样缺口根部

作为上述实物模型试验的参照对比，文献[99]采用与文献[48]、[98]实物模型比较接近的温度谱和应变谱，在具有相同转子钢材料的无缺口环形试样上并行了 4 组试验。试验载荷谱如图 6.25 所示，4 组试验的单循环时长介于 30～60min，温度由 323℃上升至 537℃后再冷却回到 323℃。测得的环形试样的寿命均长于与之相同载荷谱的实物模型寿命，甚至高于实物模型的 2 倍(图 6.26)。造成这一结果的原因，一方面是由于两种试验载荷谱的差异，另一方面也归结于两种试验各自采用了不同的失效评判准则。环形试样以裂纹深度达到 0.5～1mm 为失效，而实物模型的裂纹深度仅有 0.1mm。

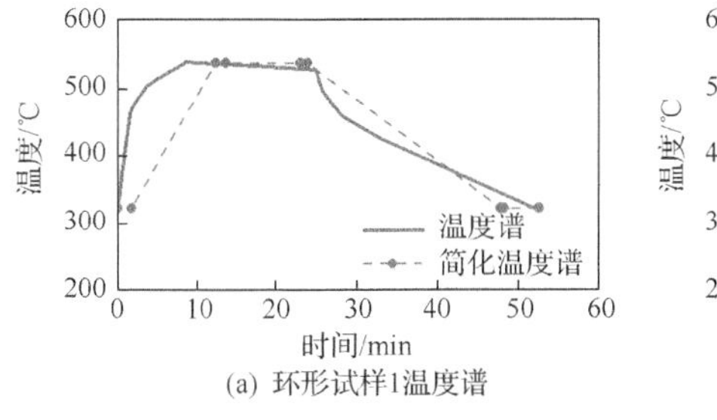

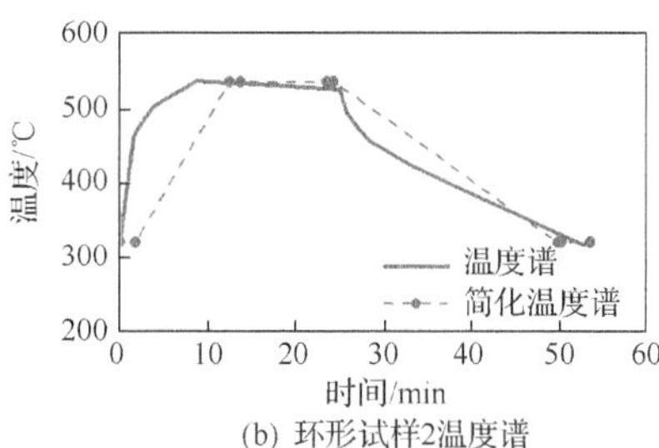

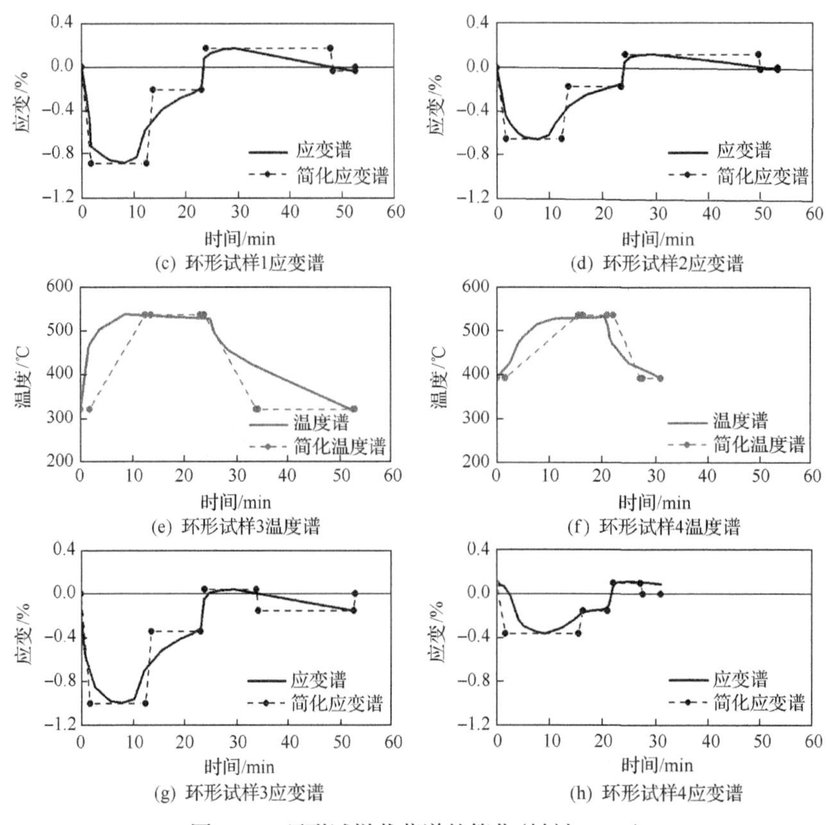

(c) 环形试样1应变谱 (d) 环形试样2应变谱

(e) 环形试样3温度谱 (f) 环形试样4温度谱

(g) 环形试样3应变谱 (h) 环形试样4应变谱

图 6.25　环形试样载荷谱的简化(材料：1Cr)

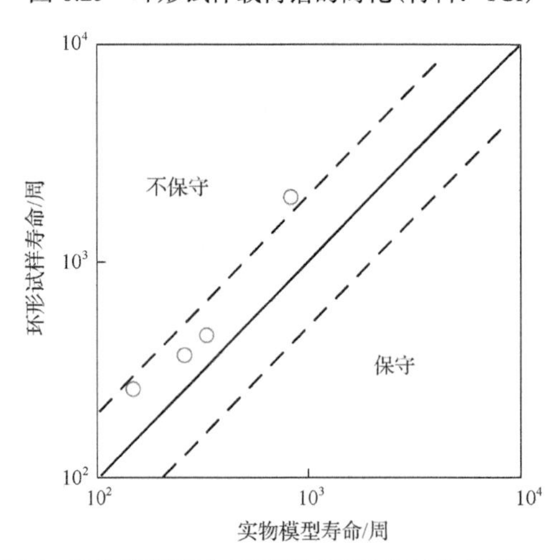

图 6.26　实物模型寿命与环形试样寿命对比(材料：1Cr)

与实物模型试验简化载荷谱的方式相类似，将 4 个环形试样的载荷谱简化为含有 4 个保载阶段的临近工况形式(图 6.25)，其中以简化应变谱为主要导向。采用简化载荷谱的唯真模型所预测的寿命与试验结果有很好的吻合(图 6.27(a))，而直接使用工况载荷谱的本构模型预测得出的环形试样寿命略高于试验测量结果。其中，小应变的载荷工况下的预测结果高于试验测量的 2 倍(图 6.27(b))。这仍然是由模型中欠缺足够的低温下的材料特征数据造成的。

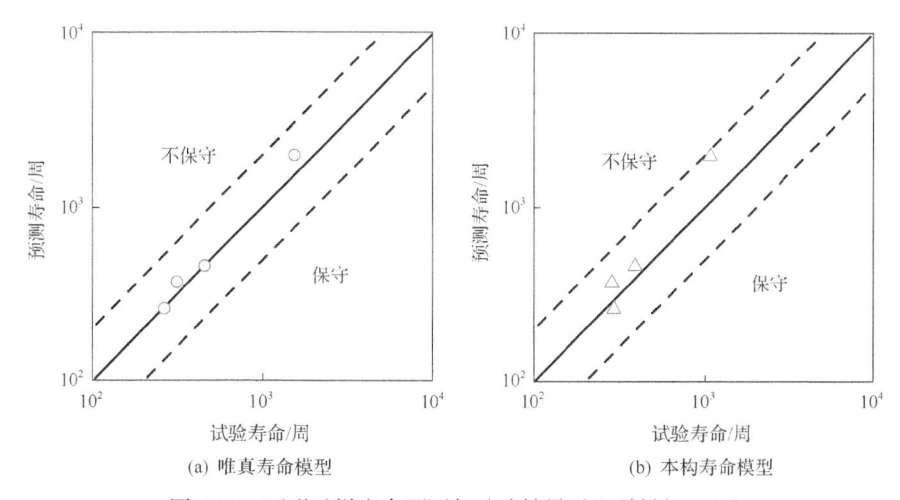

图 6.27　环形试样寿命预测与试验结果对比(材料：1Cr)

以上通过唯真模型预测部件寿命时所采用简化载荷谱，是在视觉上兼顾温度谱和应变谱的两者相互匹配关系下完成的。虽然唯真模型采用这样简化后的载荷谱预测得出的寿命值与试验测量结果相一致，但是简化方案缺少唯一性的理论基础。因此，不同的简化方案对寿命预测偏差的敏感性大小是寿命预测可靠性分析与评估的焦点。为了进一步分析上述从视觉角度简化应变谱的方法对寿命预测的影响，选取第 4 个试验载荷谱(图 6.25(d))作为对比蓝本。在总应变幅保持不变的前提下，通过改变各保载阶段的时长，观察分析其对寿命预测结果的影响。分析 6 种载荷谱简化方案：简化方案 1 和简化方案 2 是在保载 1 时长不变的情况下，分别增长和缩短保载 3 的时长(图 6.28(a)和图 6.28(b))；简化方案 3 和简化方案 4 是在保载 3 时长不变的情况下，增长和缩短保载 1 的时长(图 6.28(c)和图 6.28(d))；剩下 2 个简化方案分别是同时增长和缩短保载 1 和保载 3 的时长((图 6.28(e)和图 6.28(f)))。唯真模型采用以上 6 种简化方案的载荷谱进行寿命预测的结果没有出现较大的差别，同时与对比蓝本的寿命预测结果和试验结果也均能较好的吻合(图 6.29)。其中，虽然采用简化方案 2、简化方案 5 和简化方案 6 的载荷谱所预测的寿命略高于对比蓝本和试验结果，但偏差没有超过 15%。不同的简化方案没有对寿命预测结果产生较大影响的原因在于为唯真模型中所采用的寿命评估理论。如第 5 章所述，在大应变幅的弹塑性关系下，保载 1 时长引起的损伤全部计为总应变幅相关疲劳损伤。除去保载 1 时长后，保载 3 的剩余时间的损伤归为蠕变损伤。因此，只要保证总应变幅不变，简化载荷谱不会对寿命预测的结果产生较大影响。

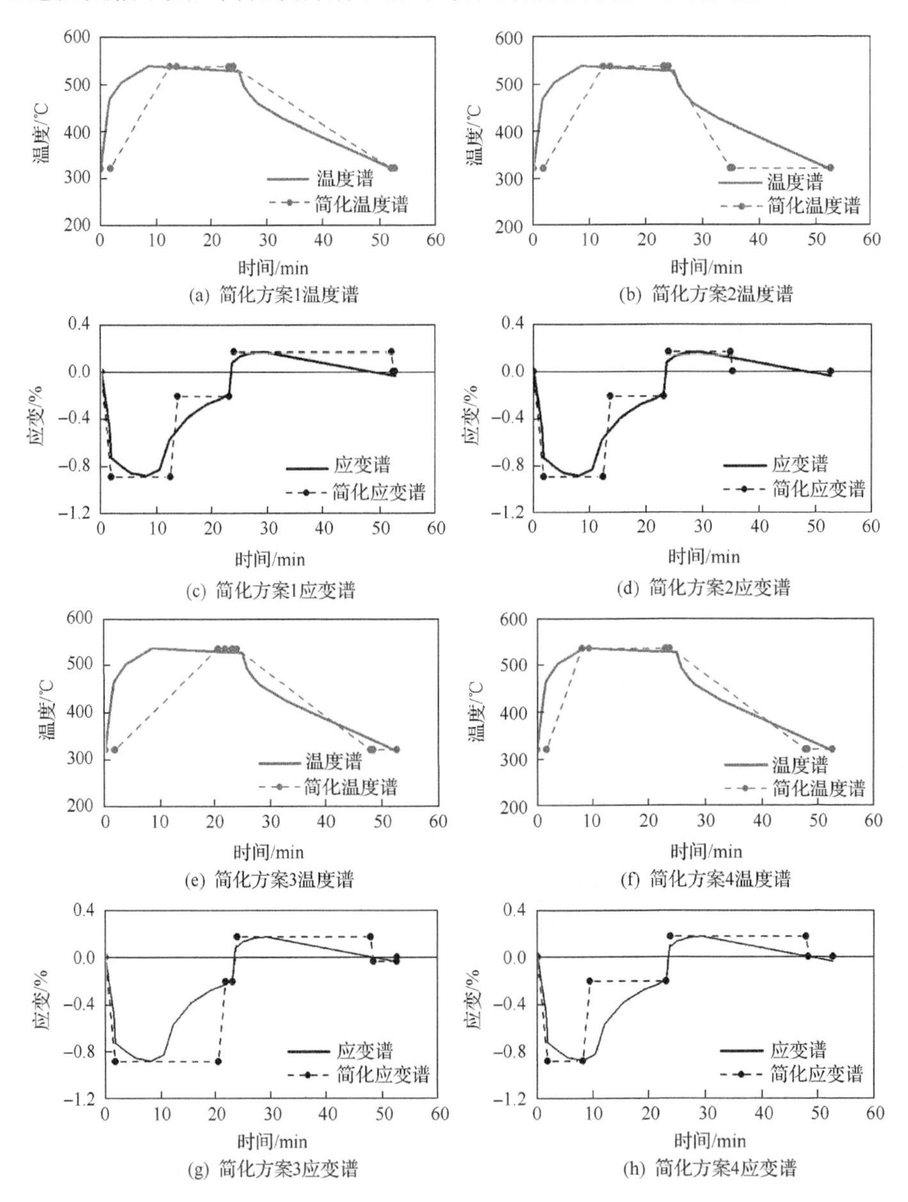

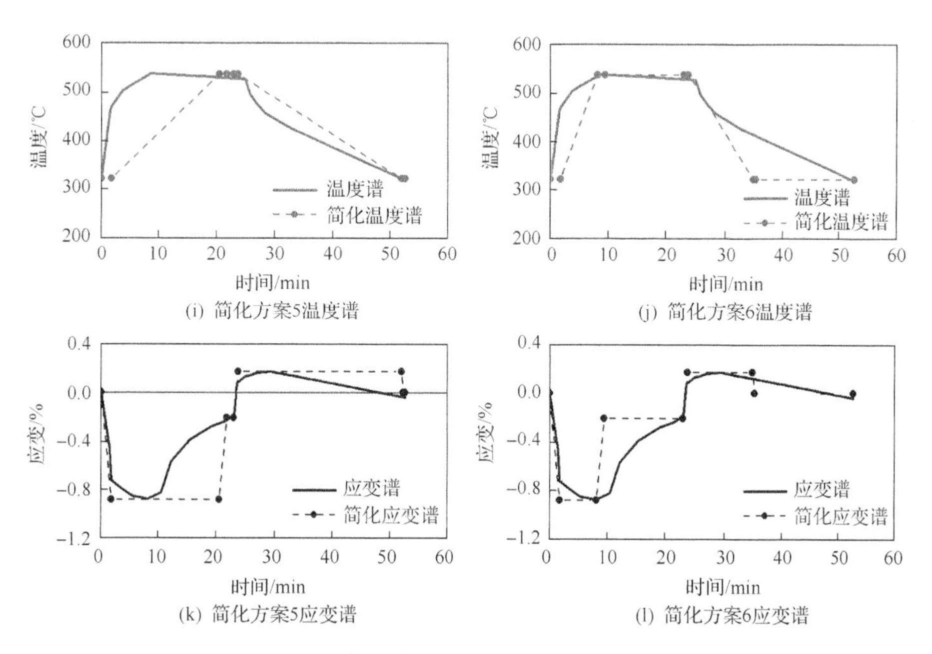

图 6.28　环形试样 1 载荷的不同简化方案(材料：1Cr)

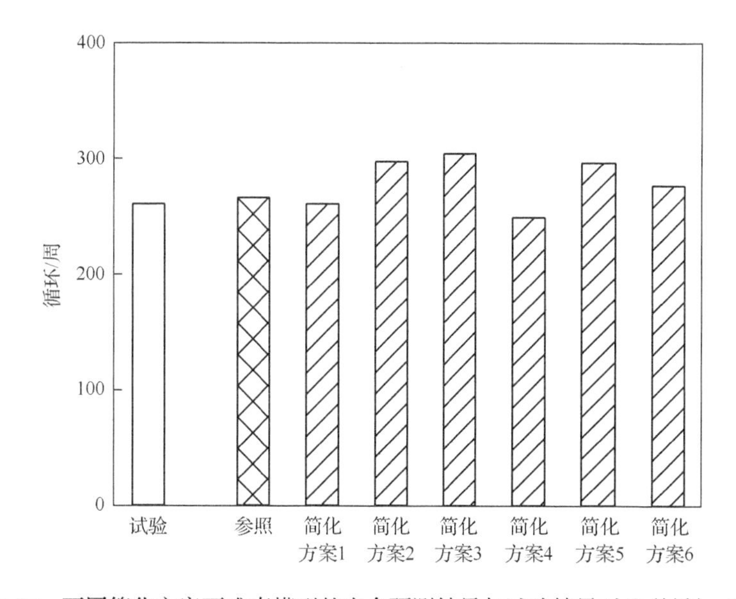

图 6.29　不同简化方案下唯真模型的寿命预测结果与试验结果对比(材料：1Cr)

6.3　启停方案优化

调峰作业时，要求来流蒸汽在所规定的时间之内将机组设备由启动温度 $T_{启动}$加热到运行温度 $T_{运行}$。如何选取加热过程中各时间节点的温度，使设备受损最小是设计和优化启动方案重要的一个方面。

如图 4.14 所示为调峰作业时某高–中压汽轮机转子温启动方案的优化示例。传统的基本启动加热工况为一般为线性加热。在加热时间不变的前提下，改变加热过程某时间节点的温度 T，分析此时刻不同温度水平对设备损伤的影响。图 4.14 初选了某时刻点的 3 种温度方案做优化：优化方案 1 选取的低于该时刻基本工况的温度 225℃；优化方案 2 选取高于该时刻的基本工况温度 500℃；优化方案 3 选取的温度为 550℃，略低于设备运行工况温度 565℃。本构模型根据这 3 种温度优化方案分析得出的应力应变关系特性如图 6.30 所示，通过与第 4 章的试验结果对比可以看出，本构模型可以比较好的模拟出各种优化方案下的设备材料形变特征。由于本构模型中材料参数没有考虑高温预载荷对低温变形特性的影响，因此对低温区域随载荷循环增加的应力应变特征的描述有些欠缺。本构模型能够与试验结果相一致，较好地模拟出不同温度方案的形变关系(图 6.31)。

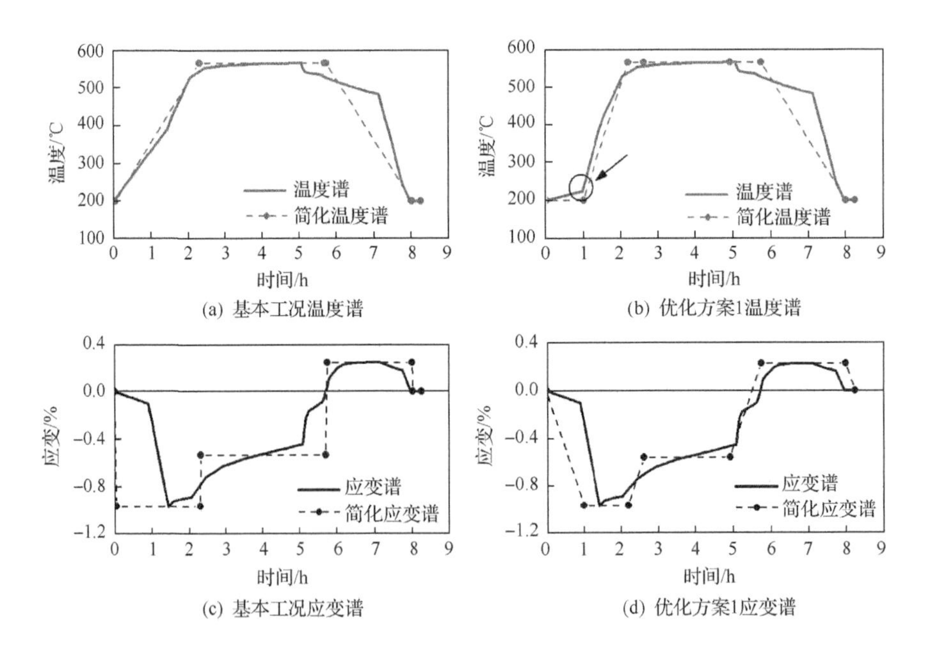

(a) 基本工况温度谱　(b) 优化方案1温度谱

(c) 基本工况应变谱　(d) 优化方案1应变谱

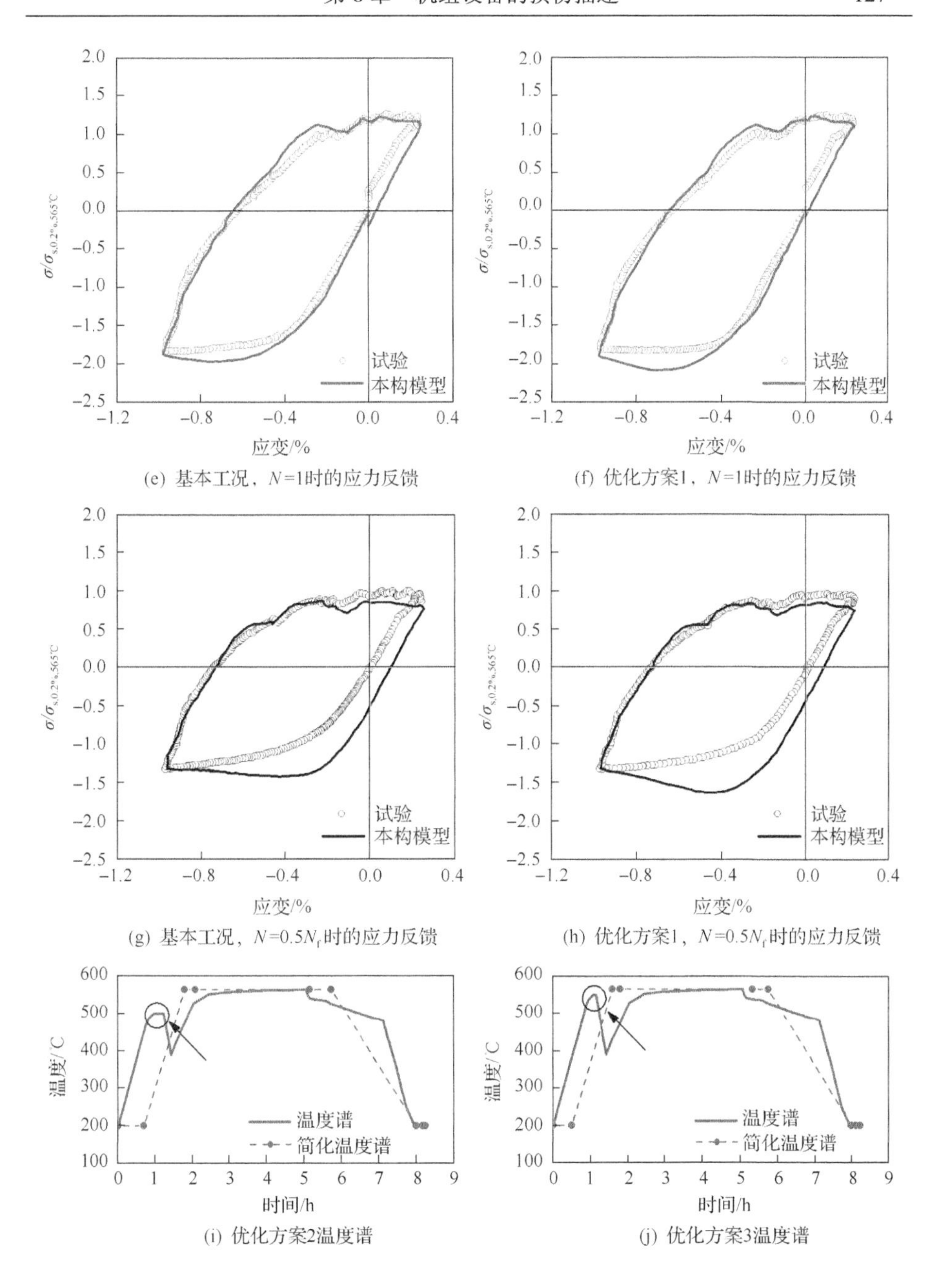

(e) 基本工况，N=1时的应力反馈　(f) 优化方案1，N=1时的应力反馈

(g) 基本工况，$N=0.5N_f$时的应力反馈　(h) 优化方案1，$N=0.5N_f$时的应力反馈

(i) 优化方案2温度谱　(j) 优化方案3温度谱

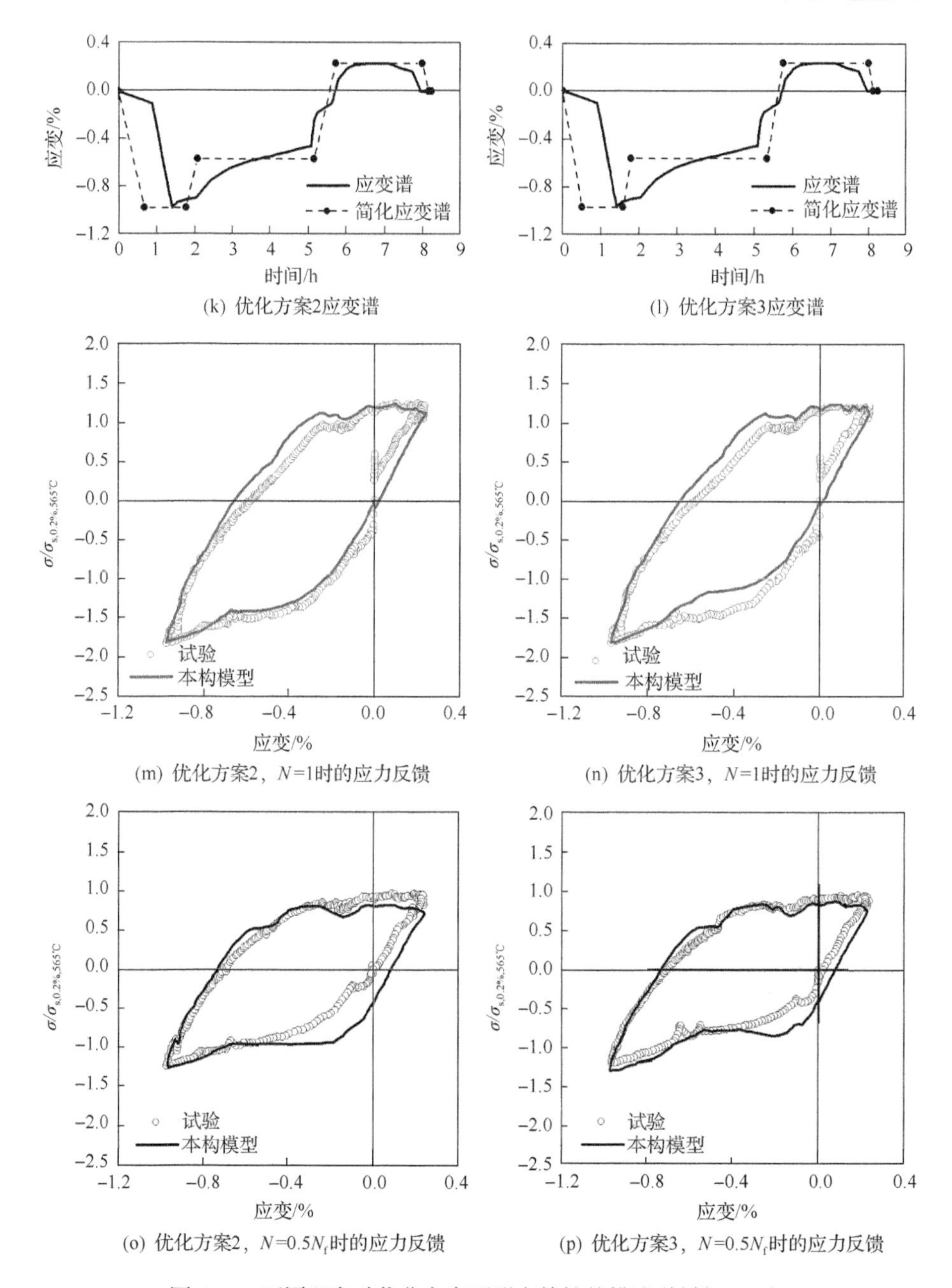

图 6.30　不同温启动优化方案下形变特性的描述(材料：2Cr)

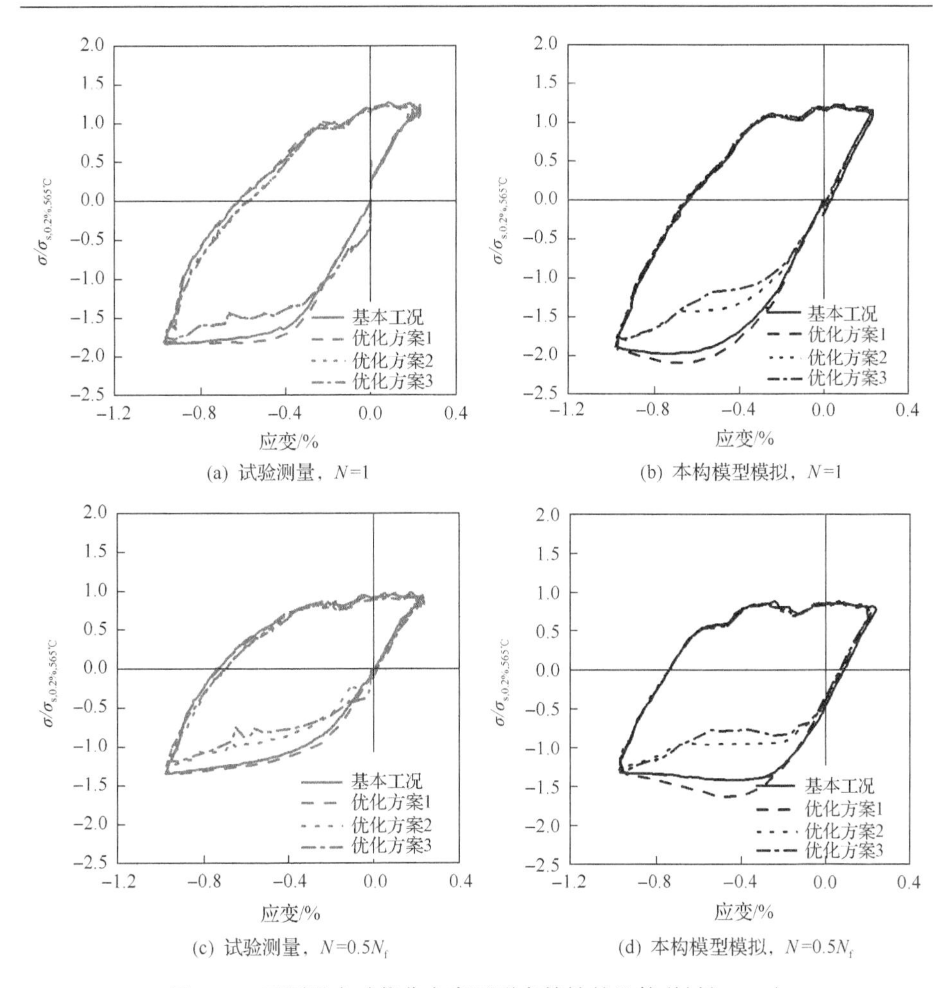

图 6.31 不同温启动优化方案下形变特性的比较(材料：2Cr)

图 6.31 所示基本工况在内的 4 种启动方案中，应力应变关系所围成的迟滞回环随着时间节点温度的降低而增大；随着节点温度的升高而逐渐减小。然而这 4 种方案的迟滞回环所产生的塑性应变(即应力为零时的应变)均相同。

4 种载荷方案下的寿命预测结果如图 6.32 所示，试验测量得出节点温度最低的优化方案 1 的寿命循环数最低，而节点温度最高的优化方案 3 的寿命最长，这与迟滞回环所展示出的规律相吻合。本构模型分析得出的 4 种方案下的应力应变迟滞回环虽然与试验结果相一致，然而寿命预测却相反。这是由于在温度交互过程中，高温预载荷损伤不仅影响低温下形变特征，也同样会影响低温区域的损伤特性和寿命。本构模型的材料参数虽然没有考虑这个温度交互关系对损伤关系的影响，然而它却能够很好的反映节点温度与损伤寿命之间的递变关系。唯真模型用于损伤分析和寿命评估时，需要使用简化的载荷谱。然而非常敏感的节点细微变化却无法在简化的载荷谱方案中精确的体现。简化方案虽然能勉强反映出优化方案 1 的温度变换特点(图 6.30(b))，但不能很好的体现出较为敏感的温度变化的方案所带来的差异。在图 6.30(c)和图 6.30(d)中，节点温度从 500℃上升到 550℃，这一微小的温差变化无法在简化温度谱中精准描述。使用唯真模型预测所得的寿命，也不能完全体现出这种微小温度变化的影响(图 6.32)。因此，唯真模型仅能用于方案优化初期的粗略估计。

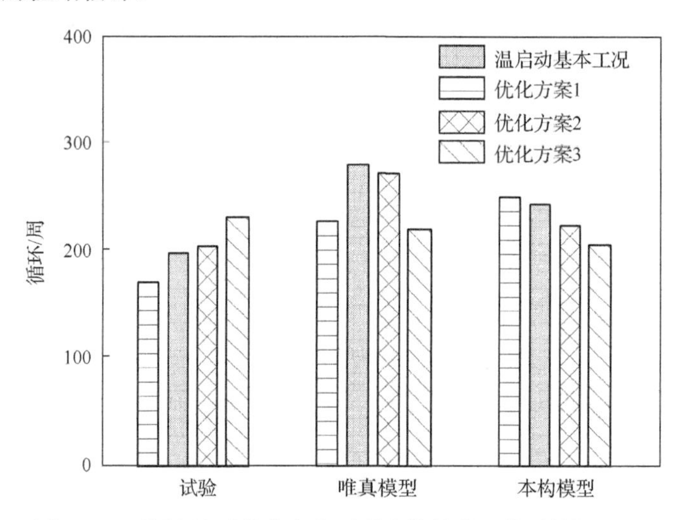

图 6.32　不同温启动优化方案下形变特性的比较(材料：2Cr)

第 7 章　寿命模型的评价

本书所建的唯真模型和本构模型主要用于分析现代化调峰机组设备常用耐热钢在临近工况机组设备启停过程中的力学性能、损伤分析和寿命预测。第 6 章应用这两个模型分析了设备材料在机组临近工况和实际工况下的形变和损伤特征。同时通过与第 4 章的试验研究结果对比，验证了两模型的可靠性。本章以工业应用者的视角，从可移植性和工作量、适用性和可靠性等方面，对两模型进行评价。

7.1　可移植性和工作量

在工业应用方面，除了当前已分析和验证的工况，使用者更加感兴趣的是唯真模型和本构模型的可移植性，以及对此所付出的工作量。

本书所建立的唯真模型和本构模型主要对象是先进火力电厂机组设备常用耐热钢。如果将它们移植应用到其他材料(例如 700℃机组用镍基材料)则首先需要通过确定模型中描述材料力学性能和损伤性能的参数实现。力学性能包括周期性拉压性能和静态蠕变性能，其中周期性拉压性能包含循环软化或硬化特征。损伤性能包含蠕变性能和疲劳性能以及二者交互作用。为了表征材料的基本性能，唯真模型和本构模型所需进行的基本试验数量见表 7.1。其中，最高运行温度载荷的试验数量需要多于其他温度节点试验数量。

表 7.1　材料唯真模型所需试验及其最低数量

模型	工况条件	所需试验最低数量			
		冷启动	温启动	热启动	运行
唯真模型	LCF, 10^{-3} s^{-1}, 0/0	3	3	3	3
	LCF, 10^{-3} s^{-1}, 3min/3min	2	2	2	2
	LCF, 10^{-3} s^{-1}, 3min/3min	—	2	—	2
	LCF, 10^{-5} s^{-1}, 0/0	—	—	—	2
	蠕变	—	2	2	3
本构模型	LCF, 10^{-3} s^{-1}, 0/0	1	1	1	1
	蠕变	3	3	3	5

唯真模型试验量大致需要约 2～3 年的时间。试验数据的分析与处理、特征曲线的确定与公差分析，以及材料参数确定约为 2 人·月(包含人员培训时间)。借助计算机辅助程序，唯真模型运行的计算时间约为 15 分钟，这其中并不包括多维载荷下的有限元分析和等效应变的简化处理时间(约 10 分钟)。

相对而言，本构模型所需的试验时间约为 1～2 年，比唯真模型所需时间缩短了近一半以上。同时，本构模型还可以通过阶梯型蠕变试验和阶梯型松弛试验快速确定材料的力学性能参数。这是一种非常有效并快速掌握全新材料力学特征的方法，具体的介绍见文献[50]。本构模型包含的材料参数较多，参数确定优化耗时较长，约为 6 人·月以上。根据所需分析对象几何形状、载荷形式和计算机性能的不同，借助商用有限元软件分析计算的时间需要至少 1 小时以上。随着一些加速参数确定方法及参数外推法的诞生(例如神经网络法)，可以将本构模型中材料参数确定的时间和计算分析时间缩短 2/3 以上[94]。

7.2　适用性和可靠性

机组设备的寿命预测，唯真模型适用于有限元形变分析的后处理阶段。通过有限元分析输出或在设备运行中采集的等效一维应变谱作为唯真模型的输入载荷，进行损伤分析和寿命预测。部件经过有限元热力计算后得出等效应变分布云图，选取等效应变最大值处的节点。然后将该节点等效应变谱简化为包含 4 个保载过程的临近工况载荷，再通过唯真模型进行该节点的变形和损伤分析以及寿命预测。唯真模型仅能分析设备局部关键点的形变和损伤，无法分析受载过程中局部区域的变形以及与损伤的耦合，例如部件缺口受载后出现结构改变(缺口弧线改变)所引起的最大应变点位置改变，会引起损伤分析和寿命预测的偏差。相反，本构模型可以很容易地与有限元软件结合，分析部件复杂结构在多轴载荷条件下的变形与损伤，因此可以更广泛地应用于发电厂部件的设计与优化等方面。

两模型的可靠性是在计算大量临近工况载荷试验和启停实际载荷试验后，通过对比计算和试验结果来分析评价的。其中，结果对比包括形变对比、损伤对比和寿命预测结果对比 3 个部分。

在大量复杂一维试验中，试样的形变关系均可通过两个模型重现，尤其是 TMF 临近工况载荷下启停两个保载过程中弹性模量对应力松弛过程的影响。在两个模型中，唯真模型对一维载荷工况下的形变分析描述的较好。本构模型在停机保载过程中，也就是随温度下降过程中的变形分析误差较大。

同时，两个模型对低温载荷下循环软化特征的描述都有些欠缺，这是因为高温预载后的材料状态对低温下材料的力学性能有明显的影响。

损伤分析尤其是试样在 TMF 工况下过早失效的原因，以及十字形试样损伤分布，均可以通过本构模型以局部变形与损伤分布的形式重现出来，并且与微观损伤机理相一致。在寿命评估中，两个模型均可以很好的预测单轴和双轴工况的寿命。其中，对于双轴工况下的寿命预测，唯真模型是以一维等效应变谱(von Mises 等效应变)作为输入载荷分析得出。由唯真模型分析输出的应力谱能够很好地重现有限元分析输出的 von Mises 等效应力谱。唯真模型的寿命预测结果相对保守，误差离散相对于本构模型更窄。

对于圆柱形缺口试样在恒温临近工况下的计算，本构模型可以基本重现第一个包含 20 个分循环的周期系列变形。其中，当描述试样臂上平均应力超过该材料在此温度下的屈服强度时，模型的分析结果偏差较大。对于寿命预测，两个模型的预测结果相对于试验结果均较为保守。其中，唯真模型采用 Neuber 方法等效应变所预测的寿命比采用 von Mises 等效应变所预测的结果更加保守。应力控制的缺口试样所反馈的平均变形量随着循环周期的增加向阻止裂纹增长的受压方向偏移，而这个现象对寿命的影响在两个模型中均没有考虑。如果简单地将寿命期内平均变形量通过损伤参数 P_{swt} 在唯真模型中对寿命进行修正，修正后的结果与试验结果的偏差将大幅度减小。

区别于临近工况载荷，实际启停工况下的载荷谱表现为无固定保载的形式，没有明显区分出 4 个保载阶段。对于分析计算这种工况下的形变，唯真模型仅适用于寿命预测，而本构模型既可以用于分析形变，也可以用于损伤分析和寿命预测。这种无固定保载的形式的工况，需要先被简化成包含 4 个保载阶段的载荷形式。数据敏感性研究分析表明，简单从视觉上对载荷进行简化不会对寿命预测结果产生较大影响。更好的载荷简化方法(例如基于能量守恒的简化方法)需要在今后的研究中深入开展。在这种情况下，本构模型具有形变分析上的优势，并且能够较好的重现试验结果。对于寿命预测，两个模型均可很好地预测启停工况寿命，与试验测量结果在 2 倍公差带内相遇。

在设计、优化机组启动方案的分析计算中，本构模型具有绝对的优势。本构模型输入载荷谱的形式没有严格的要求，可以非常灵活的使用任何形式。而唯真模型无论对温度谱还是应变谱，都有严格的形式要求。温度谱仅为启动温度和运行温度，且温升和温降过程必须为连续线性，不允许额外增加温度平台。这样对于改变温度谱的方式优化启停方案，或细化温度载荷的设计，以及分析温度微小波对设备的损伤分析和寿命预测，会有绝对的局限性。同理，输入应变谱形式也必须是含有 4 个保载过程的临近工况载荷谱。虽然通过 2 个模型对于几种不同启动方案的寿命均能较好的预测，但由于以上的局限性，唯真模型只能用于方案的初步设计阶段，后期的方案细化，还需使用本构模型以及试验验证。

总体上讲，唯真模型是建立在材料一维(等效)载荷的基础上，通过构建应力应变关系进行损伤分析。它的优点在于使用方便，计算时间相对较短，同时具有较好的可靠性，因此特别适用于工程设计、运行方案的实时监测和优化。本构模型的建立以演化方程为基础，应力应变关系的构建与损伤分析同时进行，使用时需要具有较高性能的计算设备辅助。另外，本构模型中包含有较多的参数，这些参数的确定相对复杂并且繁琐，因此目前在工程上的适用性略差。然而，黏塑性本构模型可以直接与商用有限元软件衔接，对于分析结构较为复杂的部件具有绝对的优势。随着参数确定方法的发展与完善，以及高性能计算设备的出现，黏塑性本构模型会在工程使用上发挥它更大的优势。

第 8 章　结论与展望

本书针对火力电厂机组调峰工况，开展了设备常用耐热钢的形变特性和损伤机理分析和研究，并建立了相应材料模型，为机组运行方案的设计与优化、运行监控、热力设备结构设计、剩余寿命的评价等方面提供了重要的理论依据。

研究通过复杂的临近工况试验和实际工况试验，确定了耐热钢的形变与损伤特点。试验在单轴、双轴以及缺口多轴载荷下展开，通过加载恒温和 TMF 环境，对比分析温度交变对耐热钢形变的影响。在启动保载阶段，随着温度的升高和杨氏弹性模量的降低，应力的松弛速率加快。相对于恒温过程，启动保载阶段的应力呈现快速大幅下降的趋势。在停机保载阶段，应力随时间的松弛又会因为温度的降低和弹性模量的增大而受到阻碍。与此同时，TMF 工况下温度的交变也会加剧材料微观损伤，大幅度缩短材料寿命。同时损伤会随着温度交变速率的增高而增大，进一步缩短材料寿命。

微观损伤在演变过程中会在内部先出现大量的微断裂，且随着温度交变速率的增高而增多。裂纹的演变是在内部形成微断裂然后相互连接，并引导从表面形成的裂纹的扩展，从而形成锯齿状的裂纹轨迹。与之相对，没有温度交变的恒温环境的损伤是从表面萌生裂纹并以穿晶形式扩展。局部形变分析得出，在伴随温度交变的 TMF 工况下，内部的平均应变会随着循环增加而偏移，且偏移幅度随着温度交变速率的增高而增大。在相同的温度幅下，平均应变的偏移会随着温变速率的降低而减小，同时寿命缩短的幅度也会减小。在没有温度交变的恒温环境下，平均应变不会随着循环载荷发生偏移。由此可以推断，温度交变所引起的内部平均应变偏移是加剧损伤的演变的源头。进一步从微观结构(例如位错结构、亚晶粒的粗化等角度)分析判断 TMF 工况下的微断裂的产生原因，在优化运行工况、设备延寿，以及改良设备用耐热钢等方面具有重要的工程价值和意义。

本书建立了适用于描述和分析机组设备形变与损伤的 2 个材料模型。一个是从“工程”角度出发描述宏观特征和损伤累积的唯真模型，另一个是以连续介质力学为基础的统一黏塑性本构模型。唯真模型是通过建立材料在工况载荷下的应力应变形变关系，进而以损伤累积理论为基础进行损伤分析和寿命预测。其中，应力应变关系的建立既考虑到内应力对形变特征的影响，又考虑疲劳与蠕变的交互作用，以及平均应力在损伤累积法预测寿命时的影响。在唯真模型中，材料的形变描述和损伤分析两部分相互独立展开，不考虑它们之间的交互与联系。本构模型是以 Chaboche 黏塑性本构关系为基础，依据等效能理论增添了损伤对形变的影响，将形变关系的建立与损伤分析同时进行。

在临近工况载荷下，两个模型均可以比较好的模拟出耐热钢的形变和损伤特征，尤其是可以很好的模拟出 TMF 工况下弹性模量对应力应变关系的影响规律。对于保载过程中的蠕变特征，两个模型的描述均显出一定的不足，这与两个模型所采用的描述方法的制约性有关。唯真模型采用的是简单的三参数描述方法，它仅适用于描述蠕变在初级阶段和次级阶段的特征。进一步的优化可以尝试采用多参数法(例如 Garofalo 方程)可以更加准确地描述蠕变特征。本构模型对于非弹性应变的描述采用仅含有背应力的简单随动强化规则。另外在 TMF 载荷下，两个模型对于低温拉压形变，随循环变化的特征描述略显不足；在半寿命时，两个模型模拟出的拉压关系与试验测量结果产生较大的误差。这是由于两个模型中材料参数的建立均是通过标准恒温表征试验确定，参数的确定中没有考虑高温预载荷对低温形变关系的影响。通过简单预载荷试验确定的材料参数用于 TMF 工况下的应力应变分析时，低温拉压关系的描述得以很好的改善。机组设备在运行工况下处于高温预载和低温变形的交替过程中，不但可以更好地描述两者的交互关系，还可进一步提高模拟结果的准确性。

对于缺口部位应变的损伤分析和寿命评估，两个模型均显的过于保守，应用唯真模型 Neuber 方法预测的寿命也更加保守。缺口部位耐热钢，尤其是具有高韧性的耐热钢，由于服役过程中产生的局部塑性形变会减缓缺口根部的应力集中，从而降低局部损伤并增长寿命。与此同时，应力集中系数同样也会随着应力集中的减缓而降低。两个模型均没有考虑这个应力集中随循环载荷降低对损伤的影响。唯真模型 Neuber 方法采用理论应力集中系数，且在受载过程中保持不变。另外，缺口部位会随着载荷循环的增加发生棘轮效应。即使在对称的拉压载荷下，缺口部位也会发生平均变形量飘移。这点在唯真模型的损伤分析中是没有考虑的，而本构模型对棘轮效应的描述也显得非常不足。因此，两个模型对于缺口部位的损伤分析和寿命预测均需建立相应的方法，以便考虑局部塑性形变和棘轮效应对寿命的影响。

唯真模型的建立是以包含理想的 4 个保载阶段和 4 个拉压阶段的简化工

况载荷为基础。对于没有明显的区分保载与拉压的实际工况，需要先进行工况简化。本书仅依靠经验简单地从视觉角度对实际工况进行了简化。另外，对于机组运行方案的优化，其简化过程不能很好地反应与体现参数改变对形变和损伤影响的敏感性。因此下一步需要建立以物理学为基础的、适用于运行交变温度工况下的简化方法。对于多轴载荷，唯真模型作为后处理程序以有限元形变分析所输出的等效应变为基础载荷，进行损伤分析和寿命评估。有限元的形变分析与唯真模型的寿命评估是单独分开的两个步骤，如何将唯真模型与商用有限元分析进行耦合，减少中间环节的操作，是今后的研究方向。

总体上讲，本书所涉及的研究结论对设备运行的损伤分析和调峰机组安全运行的非常重要。研究所建立的两个材料模型可以很好地评估机组设备材料在多轴 TMF 工况下的蠕变疲劳特性。随着循环载荷数的增加，模型在以下几个方面进一步优化：①周期性蠕变特征和应力松弛特征的描述；②优化低温载荷下的形变描述和损伤分析；③优化以 Neuber 为基础的寿命评估方法，以便更好地考虑工况载荷所产生的蠕变损伤；④复杂工况下缺口部位平均应变对寿命的直接影响，需要在今后的模型中予以考虑。

下一步的研究首先，需要将唯真模型进一步的扩展到适用于无保载过程的实际工况载荷。需要建立一个有效的、具有理论意义组带，将实际工况等效为易于分析的临近工况载荷形式隐含在模型中。

其次，需要从试验和理论两方面进行机组设备典型缺口部位的形变和损伤分析，尤其是对于机组设备用高强度高韧性耐热钢，需要分析缺口部位支撑作用。

再次，本书中仅从寿命规律上总结了启停过程和载荷波动过程引起的高低疲劳复合作用对寿命的影响。下一步需要建立具有物理意义的理论模型，以描述二者交互作用下的形变特性与损伤机理。

最后，本构模型适用于计算十分复杂工况下的形变特性，然而对于损伤分析和寿命预测则略显不足。唯真模型在损伤分析和寿命评估方面具有十分系统的理论依据，然而却无法满足复杂的工况和载荷分析。如何将这两者有效的结合并取长补短，为工业应用提供更加高效、准确的评估方法和模型，从根本上做到真正的“人工智能”是今后重要的科研方向。

参 考 文 献

[1] International Energy Agency. World Energy Outlook 2010[M]. Paris: International Energy Agency, 2010.

[2] 中华人民共和国国务院. 国家中长期科学和技术发展规划纲要(2006-2020)[M]. 北京: 中国法制出版社, 2006.

[3] 中华人民共和国国务院. 能源发展"十二五"规划[EB/OL]. 2013-01-01[2013-01-23]. http://www.gov.cn/zwgk/ 2013-01/23/content_2318554.htm.

[4] 沈邱农, 陈文辉. 超超临界汽轮机的技术特点[J]. 动力工程, 2002, 22(2): 1559-1663.

[5] Cui L, Wang P, Hoche H, et al. The influence of temperature transients on the lifetime of modern high-chromium rotor steel under service-type loading[J]. Materials Science and Engineering A, 2013, 560: 767-780.

[6] Almstedt H, Kern T U. Anforderungen im Turbomaschinebereich und resultierender Forschungsbedarf [C]//MPA/IfW-Kolloquium, Darmstadt, 2017.

[7] Kern T U, Husemann R U. Materialforschung und Qualifikation für CO_2-arme hocheffiziente fossilbefeuerte Kraftwerke[C]//Fachkongress Berlin, Berlin, 2004.

[8] Sasaki T, Kobayashi K, Yamaura T, et al. Production and properties of seamless modified 9Cr-1Mo steel boiler tubes[J]. Kawasaki Steel Technical Report, 1991, 25(4): 78.

[9] Čadek J, Šustek V, Pahutova M. An analysis of a set of creep data for a 9Cr1Mo0.2V (P91 type) steel[J]. Materials Science and Engineering A, 1997, 225(1-2): 22-28.

[10] Schmidt B, Guerin S, Pastol J L, et al. Evaluation of the mechanical properties of T91 steel exposed to Pb and Pb-Bi at high temperature in controlled environment[J]. Journal of nuclear materials, 2001, 296(1-3): 249-255.

[11] Abe F, Igarashi M, Fujitsuna N, et al. Alloy design of advanced ferritic steels for 650°C USC boilers [C]//International Conference of Advanced Heat Resistant Steels for Power Generation, San Sebastian, 1999.

[12] Ebi G, Mcevily A J. Effect of processing on the high temperature low cycle fatigue properties of modified 9Cr - 1Mo ferritic steel[J]. Fatigue & Fracture of Engineering Materials & Structures, 1984, 7(4): 299-314.

[13] Jones W B, Hills C R, Polonis D H. Microstructural evaluation of modified 9Cr-1Mo steel[J]. Metallurgical Transactions A, 1991, 22 (5): 1049-1058.

[14] Barbier F, Rusanov A. Corrosion behavior of steels in flowing lead-bismuth[J]. Journal of Nuclear Materials, 2001, 296(1-3): 231-236.

[15] Lückemeyer N, Kirchner H, Kern T U, et al.Determination of material behavior in 700°C turbine components under component and load specific conditions[C]//The 36th MPA-Seminar, Stuttgart, 2010.

[16] Lückemeyer N, Kirchner H, Kern T U, et al. Lebensdauerkonzepte undBruchmechanische Bewertung für Hochtemperaturdampfturbinen bis 720°C[C]//Die 33ste Vortragsveranstaltungvon Langzeitverhalten warmfester Stähle undHochtemperaturwerkstoffe, Düsseldorf, 2010.

[17] Bürgel R, Maier H J, Niendorf T. Handbuch Hochtemperatur-Werkstofftechnik[M]. Wiesbaden: Vieweg-Teubner Verlag, 1998.

[18] Granacher J. Kriechgleichungen für warmfeste Stähle und Nickelbasislegierungen [C]//Die 23. Vortragsveranstaltung der Arbeitsgemeinschaft für warm–feste Stähle und Hochtemperaturwerkstoffe, Düsseldorf, 2010.

[19] Illschner R. Hochtemperatur-plastizität[M]. New York: Springer Verlag, 1973.

[20] Norton F H. The Creep of Steel at High Temperatures[M]. New York: McGraw-Hill, 1929.

[21] Penny R K, Marriott D L. Design for Creep[M]. London: Springer Science & Business Media, 1995.

[22] Reppich B. Ein auf mikromechanismen abgestütztes Modell der Hochtemperaturfestigkeit und Lebensdauer für teilchengehärtete Legierungen[J]. Zeitschrift für Metallkunde, 1982, 73: 697-705.

[23] Evans R W, Wilshire B. Creep of Metals and Aalloys[R]. London: The Institute of Metals, 1985.

[24] Mcvetty P G. Creep of metals at elevated temperatures-The hyperbolic sine relation between stress and creep rate[J]. Transactions of the American Society of Mechanical Engineers, 1943 (65) : 761-769.

[25]Garofalo F, Butrymowicz D B. Fundamentals of Creep and Creep-Rupture in Metals[J]. Physics Today, 1966, 19 (5) :100-102.

[26] Bailey R W. The utilization of creep test data in engineering design[J]. ARCHIVE Proceedings of the Institution of Mechanical Engineers 1847-1982 (vols1-196), 1935, 131 (1935) :131-349.

[27] Graham A, Walles K F A. Relationships between long and short-time creep and tensile properties of a commercial alloy[J]. Journal of the Iron and Steel Institute, 1955, 179: 104-121.

[28] Evans R W. A Constitutive Model for the High-Temperature Creep of Particle-Hardened Alloys Based on the Θ Projection Method[C]//Proceedings of the Royal Society of London A: Mathematical, Physical and Engineering Sciences. The Royal Society, 2000, 456 (1996) : 835-868.

[29] Cui L, Wang P. Two lifetime estimation models for steam turbine components under thermomechanical creep-fatigue loading[J]. International Journal of Fatigue, 2014 (59) : 129-136.

[30] Robinson E L. Effect of temperaturevariation on the long-time rupturestrength of steels[J]. Transactions of the American Society of Mechanical Engineers, 1952, 74 (5) : 777-780.

[31] Schwienheer M. Statisches und zyklisches Hochtemperaturverhalten der 600°C-Dampfturbinenstähle (G) X12CrMoWVNbN10-1-1[D]. Darmstadt: TUDarmstadt, 2004.

[32] Granacher J, Moehlig H, Schwienheer M. Creep Equations for High Temperature Materials[C]//The 7th International Conference on Creep and Fatigue at Elevated Temperatures. Tsukuba: 2001.

[33] Larson F R, Miller J. A Time-Temperature Relationship for Rupture and Creep Stresses[J]. Transactions of American Society of Mechanical Engineers, 1952, 74: 765-775.

[34] Kloos K H, Granacher J, Monsees M. Optimization and verification of creep equations for heat resistant steels[J]. Steel Research, 1998, 69 (10-11) : 454-462.

[35] Kopp P. Untersuchung des langzeitigen Werkstoffverhaltens bei bauteilrelevanten Belastungskombinationen aus niederzyklischer Zugschwell- und hochzyklischer Wechselverformung unter Berücksichtigung der Kerbwirkung[R].Frankfurt am Main: Forschungskuratorium Maschinenbau, 2003.

[36] Schweizer C, Seifert T, Nieweg B, et al. Mechanisms and modelling of fatigue crack growth under combined low and high cycle fatigue loading[J]. International Journal of Fatigue, 2011, 33(2): 194-202.

[37] 王静飞, 余耀. 汽轮机强迫冷却对转子寿命的影响[J]. 华东电力, 1995(9): 28-30.

[38] Manson S S. Fatigue: A complex subject-Some simple approximations[J]. Experimental Mechanics, 1965: 193-226.

[39] Coffin L F. Fatigue at High Temperature[M]//Advances in research on the strength and fracture of materials. New York: Springer Verlag, 1978, 263-292.

[40] Timo D P. Designing turbine components for low cycle fatigue[C]//International Conference of thermal stresses and thermal fatigue, London, 1971.

[41] 张国栋, 苏彬, 王泓, 等.一种确定低周应变疲劳应变-寿命曲线的方法[J]. 航空动力学报, 2006, 21(5): 867-873.

[42] Ramberg W, Osgood W R. Description of stress-stain curves by three parameters [R]. NACA TN 902, 1943: 13.

[43] Fedelich B, Kühn H J, Rehmer B, et al. Experimental and analytical investigation of the TMF-HCF lifetime behavior of two cast iron alloys[J]. International Journal of Fatigue, 2017, (99): 266-278.

[44] Scholz A, Haase H, Berger C. Simulation of multi-stage creep fatigue behavior [C]// Proceedings of the 8th International Fatigue Congress, Stockholm, 2002.

[45] Holdsworth S R, Holt A, Scholz A. Experience with capacitance gauges for the measurement of local strains at high temperatures[C]//Proceedings of the Conference on Local Strain and Temperature Measurement in Non-Uniform Fields at Elevated Temperatures, Berlin, 1996.

[46] Kloos K H, Granacher J, Scholz A. Langzeitverhalten einiger Warmfester Stähle unter betriebsähnlicher Kriechermüdungsbeanspruchung[J]. Materialwissenschaft und Werkstofftechnik, 1993, 24(11), 409-417.

[47] Kussmaul K, Maile K. Large scale high temperature testing of specimens and components: An essential tool for structural integrity engineering[J]. Materials at high temperatures, 1998, 15(2): 75-80.

[48] Kußmaul K, Stegmeyer R. Modellkörper-Temperaturwechselversuche [R]. Frankfurt am Main: Forschungskuratorium Maschinenbau, 1985.

[49] Itoh T, Sakane M, Ohnami M. High temperature multiaxial low cycle fatigue of cruciform specimen[J]. Journal of Engineering Materials and Technology, 1994, 116(1): 90-98.

[50] Samir A, Simon A, Scholz A, et al. Service-type creep-fatigue experiments with cruciform specimens and modelling of deformation[J]. International Journal of Fatigue, 2006, 28(5-6): 643-651.

[51] Zhang S, Sakane M. Multiaxial creepfatigue life prediction for cruciform specimen[J]. International Journal of Fatigue, 2007, 29(12): 2191-2199.

[52] Zhang S, Wakai T, Sakane M. Creep rupture life and damage evaluation under multiaxial stress state for type 304 stainless steel[J]. Materials Science and Engineering A, 2009, 510: 110-114.

[53] Wang P, Cui L, Scholz A, et al. Multiaxial thermomechanical creep-fatigue analysis of heat-resistant steels with varying chromium contents[J]. International Journal of Fatigue, 2014(67): 220-227.

[54] Matthias Lyschik. Schädigungsentwicklung an massiven heißgängigen Kraftwerkskomponenten bei schnellen Anfahrvorgängen am Beispiel des Werkstoffes 23CrMoNiWV8-8 [D]. Darmstadt: TU-Darmstadt, 2012.

[55] Neuber H. Theory of stress concentration for shear-strained prismatical bodies with arbitrary nonlinear stress-strain law[J]. Journal of Applied Mechanics, 1961, 28 (4) : 544-550.

[56] Simon A, Scholz A, Berger C. Validation of a constitutive material model with anisothermal uniaxial and biaxial experiments[J]. Materials Testing, 2009, 51 (9) : 532-541.

[57] Scholz A, Berger C. Deformation and life assessment of high temperature materials under creep fatigue loading[J]. Materialwissenschaft und Werkstofftechnik, 2005, 36 (11) : 722-730.

[58] Znajda R. Betriebsähnliches Langzeitdehnwechselverhalten wichtiger Stahlsorten im Hochtemperaturbereich [D]. Darmstadt: TU-Darmstadt, 2007.

[59] Scholz A. Beschreibung des zyklischen Werkstoffverhaltens bei betriebsähnlicher Langzeithochtemperatur-dehnwechselbeanspruchung [D]. Darmstadt: TU-Darmstadt, 1988.

[60] Taira S. Lifetime of Structures Subjected to Varying Load and Temperature[M]//Creep in Structures. Berlin: Springer Verlag, 1962: 96-124.

[61] Palmgren A G. Die Lebensdauer von Kugellagern[J]. Zeitschrift des Vereines Deutscher Ingenieure, 1924, 14, 339-341.

[62] Miner M A. Cumulation damage in fatigue [J]. Journal of Applied Mechanics, 1945 (12) : 159-164.

[63] Priest R H, Ellison E G. A combined deformation map-ductility exhaustion approach to creep-fatigue analysis[J]. Materials Science and Engineering, 1981, 49 (1) : 7-17.

[64] Coffin Jr L F. A study of the effects of cyclic thermal stresses on a ductile metal[J]. Transactions of the American Society of Mechanical Engineers, 1954 (76) : 931-950.

[65] Manson S S. Behavior of materials under conditions of thermal stress[J]. NASA TND, 1954, 7 (3-4) : 661-665.

[66] Ogata T. Creep-fatigue damage and life prediction of alloy steels[J]. Materials at High Temperatures, 2010, 27 (1) : 11-19.

[67] Spindler M W. An improved method for calculation of creep damage during creep–fatigue cycling[J]. Materials Science and Technology, 2007, 23 (12) : 1461-1470.

[68] Takahashi Y. Study on creep-fatigue evaluation procedures for high-chromium steels-Part I: Test results and life prediction based on measured stress relaxation[J]. International Journal of Pressure Vessels and Piping, 2008, 85 (6) : 406-422.

[69] Coffin L F J R. An investigation of the cyclic strain and fatigue behavior of alow-carbon manganese steel at elevated temperature[C]// Proceedings of an International Conference Thermal and High Strain Fatigue, London, 1967.

[70] Ellison E G, Al - Zamily A. Fractureand life prediction under thermal-mechanical strain cycling[J]. Fatigue& Fracture of Engineering Materials &Structures, 1994, 17 (1) : 53-67.

[71] Manson S S. Creep-fatigue analysis by strain-range partitioning[C]// Symposium on Design for Elevated Temperature Environment. New York: American Society of Mechanical Engineers, 1973.

[72] Ogata T. Creep-fatigue damage and life prediction of alloy steels[J]. Materials at High Temperatures, 2015, 27 (1) : 11-19.

[73] Smith K N, Watson P, Topper T H. A Stress-strain function for the fatigue of metals[J]. Journal of Materials, 1970, 5 (4) : 767-778.

[74] Chaboche J L. Constitutive equations for cyclic plasticity and cyclic viscoplasticity[J]. International Journal of Plasticity, 1989, 5(3): 247-302.

[75] Chaboche J L. A review of some plasticity and viscoplasticity constitutive theories[J]. International Journal of Plasticity, 2008, 24(10): 1642-1693.

[76] Ohno N. A constitutive model of cyclic plasticity with a nonhardening strain region[J]. Journal of Applied Mechanics, 1982, 49(4): 721-727.

[77] Ohno N, AbdelKarim M. Uniaxial ratchetting of 316FR steel at room temperature-part II: Constitutive modeling and simulation[J]. Journal of Engineering Materials and Technology, 2000, 122(1): 35-41.

[78] Ohno N, Wang J D. Transformation of a nonlinear kinematic hardening rule to a multisurface form under isothermal and nonisothermal conditions[J]. International Journal of Plasticity, 1991, 7(8): 879-891.

[79] Ohno N, Wang J D. Kinematic hardening rules with critical state of dynamic recovery, part I: Formulation and basic features for ratchetting behavior[J]. International Journal of Plasticity, 1993, 9(3): 375-390.

[80] Reckwerth D, Tsakmakis C. The Principle of Generalized Energy Equivalence in Continuum Damage Mechanics[M]. Berlin: Springer Verlag, 2003.

[81] Barrett R A, O'Donoghue P E, Leen S B. An improved unified viscoplastic constitutive model for strain-rate sensitivity in high temperature fatigue[J]. International Journal of Fatigue, 2013(48): 192-204.

[82] Armstrong P J, Frederick C O. A mathematical representation of the multiaxial Bauschinger effect[R]. Berkeley: Central Electricity Generating Board& Berkeley Nuclear Laboratories, Research & Development Department, 1966.

[83] Kachanov L M. On creep rupture time[J]. IzvAcadNauk SSSR Otd. Techn. Nauk, 1958, 8: 26-31.

[84] Rabotnov Y N. Creep Rupture[M]//Applied mechanics. Berlin: Springer Verlage, 1969: 342-349.

[85] Schemmel J. Beschreibung des Verformungs-, Festigkeits- und Versagensverhaltens von Komponenten im Kriechbereich unter instationärer Beanspruchung mit einem elastisch-viskoplastischen Werkstoffmodell[D]. Stuttgart: Universität Stuttgart, 2003.

[86] Aktaa J, Schmitt R. High temperature deformation and damage behavior of RAFM steels under low cycle fatigue loading: Experiments and modeling[J]. Fusion Engineering and Design, 2006, 81(19): 2221-2231.

[87] Aktaa J, Petersen C. Challenges in the constitutive modeling of the thermo-mechanical deformation and damage behavior of EUROFER 97[J]. Engineering Fracture Mechanics, 2009, 76(10): 1474-1484.

[88] Fournier B, Sauzay M, Pineau A. Micromechanical model of the high temperature cyclic behavior of 9%-12% Cr martensitic steels[J]. International Journal of Plasticity, 2011, 27(11): 1803-1816.

[89] Fournier B, Sauzay M, Caës C, et al. Analysis of the hysteresis loops of a martensitic steel (Part I): Study of the influence of strain amplitude and temperature under pure fatigue loadings using an enhanced stress partitioning method[J]. Materials Science and Engineering A, 2006, 437(2): 183-196.

[90] Fournier B, Sauzay M, Caës C, et al. Analysis of the hysteresis loops of a martensitic steel (Part II): Study of the influence of creep and stress relaxation holding times on cyclic behavior [J]. Materials Science and Engineering A, 2006, 437(2): 197-211.

[91] Fournier B, Sauzay M, Caës C, et al. Creep-fatigue interactions in a 9 Pct Cr-1 Pct Mo martensitic steel: Part I. Mechanical test results[J]. Metallurgical and Materials Transactions A, 2009, 40(2): 321-329.

[92] Fournier B, Sauzay M, Caës C, et al. Creep-fatigue-oxidation interactions in a 9Cr–1Mo martensitic steel (Part II): Effect of compressive holding period on fatigue lifetime[J]. International Journal of Fatigue, 2008, 30 (4): 663-676.

[93] Dubey J S, Chilukuru H, Chakravartty J K, et al. Effects of cyclic deformation on subgrain evolution and creep in 9%-12% Cr-steels[J]. Materials Science and Engineering A, 2005, 406 (1): 152-159.

[94] Wang P, Cui L, Lyschik M, et al. A local extrapolation based calculation reduction method for the application of constitutive material models for creep fatigue assessment[J]. International Journal of Fatigue, 2012 (44): 253-259.

[95] Holdsworth S R, Mazza E, Binda L, et al. Development of thermal fatigue damage in 1CrMoV rotor steel[J]. Nuclear Engineering and Design, 2007, 237 (24): 2292-2301.

[96] Wang P, Cui L, Scholz A, et al. Multiaxial thermomechanical creep-fatigue analysis of heat-resistant steels with varying chromium contents[J]. International Journal of Fatigue, 2014 (67): 220-227.

[97] Bonnand V, Chaboche J L, Gomez P, et al. Investigation of multiaxial fatigue in the prospect of turbine disc applications (Part I): Experimental setups and results [C]// The 9th International Conference on Multiaxial Fatigue & Fracture, Parma, 2010.

[98] Stegmeyer R. Experimentelle und numerische Simulation des Bauteilverhaltens unter Wärmewechselbeanspruchung[R]. Frankfurt am Main: Forschungskuratorium Maschinenbau, 1987.

[99] Scholz A, Granacher J, Kloos K H. Anisotherme Dehnwechselversuche als Modellkörper-Referenzversuche am Stahl 28CrMoNiV 4-9. 216h/ACF[R]. Frankfurt am Main: Forschungskuratorium Maschinenbau, 1983.